中空薄壁件精密锻挤成形原理和技术

王 匀 许桢英 李瑞涛 著

机 械 工 业 出 版 社

本书是一本系统阐述复杂锻件成形技术和装备重要进展的专著，以所提出的新方法为主线，结合理论、模拟和试验，选择典型的中空薄壁件，设计开发了系列多工位温冷复合锻挤精密成形工艺和模具，并对锻模延寿技术和生产线进行了阐述。

本书可供从事塑性成形理论与技术方面研究工作的科研人员及工程技术人员参考，也可供大专院校相关专业师生参考。

图书在版编目（CIP）数据

中空薄壁件精密锻挤成形原理和技术/王匀，许桢英，李瑞涛著. —北京：机械工业出版社，2018.12
ISBN 978-7-111-61300-8

Ⅰ.①中… Ⅱ.①王… ②许… ③李… Ⅲ.①薄壁件-锻压-成型②薄壁件-挤压成型 Ⅳ.①TH136

中国版本图书馆 CIP 数据核字（2018）第 250826 号

机械工业出版社（北京市百万庄大街 22 号 邮政编码 100037）
策划编辑：黄丽梅 责任编辑：黄丽梅 刘本明
责任校对：陈 越 封面设计：陈 沛
责任印制：张 博
北京华创印务有限公司印刷
2019 年 1 月第 1 版第 1 次印刷
169mm×239mm·9 印张·180 千字
标准书号：ISBN 978-7-111-61300-8
定价：49.00 元

前　言

　　精密成形技术是汽车、航空航天和机械装备等支柱产业关键零部件的近净成形技术，直接关系到系统运行可靠性和服役安全性，是支撑这些产业持续健康发展的关键。著者提出了针对中空薄壁件的锻挤精密高品质成形技术和质量精控方法。

　　本书系统阐述了复杂锻件成形技术和装备的重要进展，以所提出的新方法为主线，结合理论、模拟和试验，选择典型的中空薄壁件，设计开发了系列多工位温冷复合锻挤精密成形工艺和模具，并对锻模延寿技术和生产线进行了阐述。

　　本书由江苏大学王匀、许桢英、李瑞涛著写。感谢江苏威鹰机械有限公司提供的例子，感谢李超、姜鼎、陈鑫、陈满、吴俊峰等人的辛勤付出。

　　由于著者水平有限，加之精密成形技术的发展，书中如有不妥之处，敬请广大读者批评指正。

著　者

目　录

第1章

概　论

1.1　概述

1.1.1　精密锻造业发展现状

精密锻造成形技术是指工件锻造成形后，只需少量机械加工或不进行机械加工的零件成形技术，又称近净成形技术。目前该成形技术主要应用于两大领域：一是批量生产的零件，例如汽车、摩托车、兵器、通用机械的一些零件，特别是形状复杂的零件；二是航空航天等工业的一些形状复杂的零件，特别是一些难切削零件、高性能材料零件、高性能轻量化结构零件。

20世纪60~70年代，在热精锻与冷精锻之后，作为一种新的精密成形技术，温精锻技术开始出现并得到发展。相比于欧、美、日等温锻技术先进国家，我国的温锻技术起步较晚，20世纪80年代初才开始大力发展温精锻和温冷复合锻挤技术。经过近40年的发展，我国在这一领域成绩斐然，其中部分领域已达到国际先进水平。

近年来，北京、济南、上海、天津和青岛等地锻压企业已成功研制出系列精密锻造设备。北京机电研究所已经研发出100~1800t的多种型号的锻造和冲压设备，可生产的复杂中空薄壁件多达30余种。江苏森威精锻有限公司已掌握了汽车球笼等多种汽车零部件的温冷复合成形技术。江苏威鹰机械有限公司和江苏太平洋精锻科技股份有限公司采用温（或热）冷复合成形工艺对齿轮等精锻件进行大批量生产。

1.1.2　中空薄壁件分类

中空薄壁件是指壁厚在2~15mm之间、中间为盲孔或通孔的锻压生产件。中空薄壁件主要应用于汽车、矿山、工程机械、航空航天等行业中，尤其在汽车变速器系统、底盘系统及发动机系统中应用广泛，而且需求量大。中空薄壁件一般结构复杂、尺寸大、壁薄、截面较小或局部难加工特征多，且为轴对称或旋转对称形状。汽车中该类零件多用于承担传动、转向、制动、驱动等任务，其尺寸精度及力学性能要求高，直接决定着汽车的整体质量。中空薄壁件种类繁多，根据零件形状可分为杯形、杯杆形和法兰形等，如图 1.1 所示；也可根据零件整体外形尺寸的高径比分为长轴类和扁平类零件。

a) 杯形零件   b) 杯杆形零件   c) 法兰形零件

图 1.1　中空薄壁件种类

1.2　中空薄壁件精密锻挤成形国内外研究现状

1.2.1　国外研究现状

针对杯杆形中空薄壁件，Marciniak 等研究了薄壁管试样的温成形工艺，得到了受扭矩作用下的应变率和温度分布，并针对金属材料屈服应力的变化，建立了相应的数学模型[1]。20 世纪 80 年代末到 90 年代初，为了得到精度高、力学性能好的等速万向节锻件，日本开始对温冷组合工艺、闭式模锻系统及多工序成形技术进行深入的研究。在成形优化方面，1983 年，Park 等首次提出一种有限元反向模拟方法，并应用于板料预成形优化设计[2]。1996 年，Badrinarayanan 和 Zabaras 提出了一种灵敏度分析方法，解决了轴对称件镦粗的预成形优化设计问题[3]；Gao 等采用灵敏度分析方法，实现了微观结构的优化设计[4]。

针对齿形中空薄壁件，Ohga 和 Kondo 等提出了直齿圆柱齿轮分流精密锻造工艺，在金属变形过程中，多余的金属流入分流孔，大大减小了成形载荷，也提高了齿顶材料流动的均匀性[5]。此后，日本人发现冷挤压工艺经济效益显著，很快就把这种技术用于汽车和电气制件中。Choi 在 Ohga、Kondo 等人的基础上进一步发展了分流技术，提出了齿形件孔分流、轴分流方法，如图 1.2 所示。该方法可以进一步降低成形载荷、模具磨损，提高工件各部位的充填效果[6]。

韩国学者 Song 开发了一套计算机辅助系统，并应用于实心和空心直齿轮的分流成形，发现分流成形的齿轮充填效果好，成形载荷小，该系统可以有效辅助齿轮冷挤成形工艺和模具开发[7]。后来，随着机械工业的飞速发展，齿轮、花键、棘轮的市场需求量越来越大，分流方法变成了冷锻成形研究的热点并迅速发展。英国学者 Tuncer 等提出浮动凹模，如图 1.3 所示，该种模具使得成形摩擦力与金属流

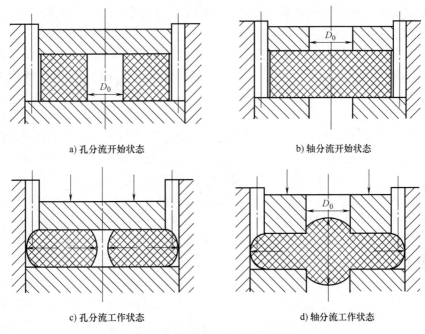

a) 孔分流开始状态　　　　　b) 轴分流开始状态

c) 孔分流工作状态　　　　　d) 轴分流工作状态

图 1.2　孔分流和轴分流示意图

向一致，金属充填模具型腔更容易[8]。苏丹学者 Abdel-Rahman、Sadeghi 和英国学者 Dean 系统地研究了浮动凹模和模具结构优化，获得了坯料形状、模具结构对成形载荷、齿形充填饱满程度、工件表面精度及顶出力的影响规律[9]。

进入 21 世纪后，Plančak 等对比齿轮反向冷挤成形模拟和试验结果，发现采用有限元（Finite Element）和试验的应力应变分布一致[10]。Jeong 等模拟分析了螺旋直齿轮正挤成形过程，发现摩擦系数为 0.1、变形程度为 27% 时，齿形充填饱满，成形载荷小[11]。韩国学者 Choi 等提出新的网格划分法，模拟发现，网格划分法可以影响直齿圆柱齿轮成形效果[12]。Chitkara 等利用上限法分析了镦挤齿轮的变形规律，并分析了增量锻造齿形件的变形规律[13]。

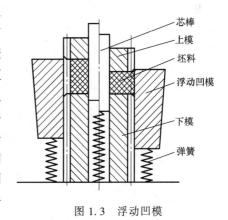

芯棒
上模
坯料
浮动凹模
下模
弹簧

图 1.3　浮动凹模

1.2.2　国内研究现状

中国兵器工业第五九研究所的赵祖德等对支承体复杂零件的温冷复合成形工艺进行了设计和优化，得到了无明显组织缺陷、精度高、表面质量好的工件[14]。中北大学张宝红等利用温冷复合成形技术成功制造出杯形零件，使得杯形体不需要后续机械加工就能达到精度要求，解决了材料浪费和生产效率低的问题[15]。华中科技大学的朱怀沈等研究了直齿圆柱齿轮的温冷复合成形工艺和基于中空分流的正向冷挤压精整工艺，建立了齿轮的弹塑性有限元模型，并对冷精整过程中的余量进行了优化选择[16]。西安交通大学的柴蓉霞通过对原材料的转移和分流，解决了钟形壳温冷复合成形过程中工件填充性较差的问题，对工艺进行了优化并得出了最佳的工艺方案[17]。

针对齿形中空薄壁件，合肥工业大学刘全坤结合不同的分流工艺和浮动凹模技术，发现齿顶分流能够有效提高金属流动合理性，材料充填饱满，成形载荷小，模具寿命提高45%。此外，他还提出 NURBS 造型理论，运用流线型凹模型腔模拟渐开线直齿轮的冷挤成形，提高了金属流动的均匀性和合理性[18]。西安交通大学的程羽等发现适当大小的分流孔能够减小成形载荷，此外还研究了浮动凹模对直齿轮冷挤压成形的影响，解决了齿轮上下角隅充填不满的难题[19]。滕宏春等采用正挤压分流工艺方案，齿轮充填饱满度达到99%[20]。南昌航空大学谭险峰等对比分析了浮动凹模与固定凹模对齿形件冷镦挤成形的影响，发现浮动凹模下工件的齿顶部分充填饱满，并且模具寿命长[21]。蔡忠义、张一鹏对跃进汽车半轴花键冷挤压工艺进行了研究，采用 DEFORM-3D 对冷挤压成形工艺进行模拟分析，掌握了成形规律，最后获得了有利于花键轴冷挤压成形的最优参数匹配[22]。王海平等研究了汽车差速器锥齿轮的挤压工艺，确定了坯料流动规律、损伤分布和应变分布，为后期的研究提供了参考[23]。张猛、王广春分别对小齿轮进行了研究，发现相比于径向冷挤工艺，轴向正挤压成形载荷降低70%，成形效果好[24]。夏世升等提出"预锻分流区-分流终锻"的新工艺，为工业化应用提供了理论基础[25]。重庆大学曹金豆等提出变过盈量的方法，结合遗传算法和 Kriging 模型，优化组合凹模各部件尺寸，为凹模纵向开裂问题提供了指导[26]。

1.2.3 现存问题及发展趋势

从现有的研究成果来看，国内外学者在中空薄壁件成形理论及工艺方面都有一定的研究，并应用于实际生产中。但研究的零件类型比较有限，比如针对杯杆形零件的研究大多集中于万向节；齿形零件大多齿形较小，齿厚、齿高较大的零件研究很少，并且主要停留在理论分析（滑移线法、主应力法等）和试验研究上。实际生产中，更多地依靠经验，工艺、模具结构方面存在的问题一直没有突破，导致中空薄壁件合格率低，综合性能差，模具容易开裂。目前，中空薄壁件精密锻挤成形技术面临的主要难题有：

（1）金属材料流速差别大，角隅处充填困难。

（2）产品合格率不高、生产效率低。

（3）成形载荷大、模具寿命短。

随着温冷复合锻挤成形技术的创新、模具数字化设计制造的发展，以及新型高精度、大吨位锻造压力机的研制，中空薄壁件精密锻挤成形技术朝着高精度、高效率、低能耗、高材料利用率这几个方向不断发展，具体如下：

（1）充分运用计算机技术，借助模拟软件和数据处理软件，研究金属成形过程中的流动规律、应变场、温度场和载荷-行程曲线等。

（2）改善中空薄壁件的质量和精度，使表面质量和尺寸最大限度接近产品设计尺寸，达到少切削或无切削的加工目的。质量和精度控制是齿形件冷挤压技术研究的重要内容，为此，发展和完善中空薄壁件精密成形技术和精密冷挤设备是趋势。

（3）为了适应批量生产的需要，减少劳动力，应发展专业化、连续化的智能生产线，建立专门的中空薄壁件生产中心。

（4）优化模具材料、组织和结构，提高模具寿命，并使中空薄壁件精密锻挤技术朝智能化成形方向发展。

1.3　参考文献

［1］ Marciniak Z, Konieczny A, Kaczmarek J. Analysis of multi-stage deformation within the warm-forming temperature range ［J］. CIRP Annals-Manufacturing Technology, 1980, 29（1）: 185-188.

［2］ Park J J, Rebelo N, Kobayashi S. A new approach to preform design in metal forming with the finite element method ［J］. International Journal of Machine Tool Design Research, 1983, 23（1）: 71-79.

［3］ Badrinarayanan S, Zabaras N. A sensitivity analysis for the optimal design of materials forming process ［J］. Computer Methods in Applied Mechanics and Engineering, 1996, 129（4）: 319-348.

［4］ Gao Z, Grandhi R V. Sensitivity analysis and shape optimization for perform design in thermo-mechanical coupled analysis ［J］. International Journal for Numerical Methods in Engineering, 2015, 45: 1349-1373.

［5］ Gao Z, Grandhi RV. Microstructure optimization in design of forging processes ［J］. International Journal of Machine Tools&Manufacture, 2000, 40: 691-711.

［6］ Ohga K, Kondo K, Jitsunari T. Research on precision die forging utilizing divided flow: Forth Report, Influence of restricting a centripetal flow ［J］. Bulletin of JSME, 2008, 26（218）: 1434-1441.

［7］ Song J H, Im Y T. Development of a computer-aided-design system of cold forward extrusion of a spur gear ［J］. Journal of Materials Processing Technology, 2004, 153-154（1）: 821-828.

［8］ Tuncer C, Dean T A. A new pin design for pressure measurement in metal forming processes ［J］. International Journal of Machine Tools & Manufacture, 1987, 27（3）: 325-331.

［9］ Abdel-Rahman A R O, Dean T A. The quality of hot forged spur gear forms. Part II: Tooth form accuracy ［J］. International Journal of Machine Tool Design & Research, 1981, 21（2）:

129-141.

[10] Plančak M, Kuzman K, Vilotić D, et al. FE analysis and experimental investigation of cold extrusion by shaped punch [J]. International Journal of Material Forming, 2009, 2 (1): 117-120.

[11] Jeong M S, Lee S K, Yun J H, et al. Green manufacturing process for helical pinion gear using cold extrusion process [J]. International Journal of Precision Engineering & Manufacturing, 2013, 14 (6): 1007-1011.

[12] Choi J C, Choi Y, Tak S J. The forging of helical gears (I): Experiments and upper-bound analysis [J]. International Journal of Mechanical Sciences, 1998, 40 (4): 325-337.

[13] Herlan T. Warming forging of straight tooth bevels for the utility vehicle's production, advanced technology of plasticity [C]. Vol. II, Proceedings of the 6th ICTP, Sept. 19-24, 1999, Precision Forging 11: 767-778.

[14] 赵祖德，康凤，胡传凯，等. 支承体复杂零件温冷复合成形优化设计 [J]. 锻压技术，2008, 33 (1): 21-23.

[15] 张宝红，王宏伟，闫峰，等. 杯形件温冷复合挤压研究 [J]. 精密成形工程，2012 (5): 97-99.

[16] 朱怀沈，夏巨谌，金俊松，等. 大模数直齿轮温冷锻精整量的优化选择 [J]. 塑性工程学报，2011, 18 (1): 53-57.

[17] 柴蓉霞，苏文斌，郭成，等. 钟形壳温-冷联合挤压工艺优化分析 [J]. 塑性工程学报，2012, 19 (2): 7-10.

[18] 刘全坤，薛克敏，许锋，等. 齿腔分流法冷精锻大模数圆柱直齿轮 [J]. 塑性工程学报，2010, 17 (3): 18-21.

[19] 程羽，杨程，臧顺来，等. 齿轮精密成形技术的研究 [J]. 塑性工程学报，2004, 11 (6): 62-64.

[20] 滕宏春，任先玉，曾宪文，等. 直齿轮分流挤压精密成形试验研究 [J]. 农业机械学报，2001, 32 (1): 99-101.

[21] 谭险峰，刘霞，周庆，等. 不同凹模形式下直齿轮挤压成形数值模拟研究 [J]. 农业装备与车辆工程，2009 (8): 37-39.

[22] 蔡忠义，张一鹏. 汽车半轴花键冷挤压工艺数值模拟研究与模具设计 [D]. 长春：吉林大学，2007.

[23] 王海平，张耀宗，李林刚，等. 轿车差速器齿轮精密成形的有限元数值模拟 [J]. 热加工工艺，2007, 32 (9): 121-124.

[24] 张猛. 齿轮冷挤压成形分析和模具优化 [D]. 上海：上海工程技术大学，2010.

[25] 夏世升，王广春，赵国群，等. 直齿圆柱齿轮冷精锻新工艺数值模拟研究 [J]. 热加工工艺，2003 (2): 22-23.

[26] 曹金豆，周杰. 直齿圆柱齿轮连续冷挤压工艺及模具技术研究 [D]. 重庆：重庆大学，2016.

第 2 章

汽车等速万向节锻造工艺

2.1 汽车等速万向节简介

2.1.1 万向节介绍

万向节是轴与轴之间的联轴器，主要应用于两轴不同心的情况，也属于典型的中空薄壁件。与其他传动机构（链、齿轮、带等）相比，万向节传动在长距、大轴间夹角的动力传输上优点明显，在机械、航空航天，尤其是汽车领域起到了非常重要的作用。

汽车结构非常复杂，当需要在两个不同转轴（轴线不共线且相对位置变化）之间传递动力时，则需要通过万向节传动装置连接。在实际应用中，内侧的滑动式万向节可提供一定的位移空间以适应车辆在行驶中悬架系统的动态位移。在前轮驱动的应用中，外侧万向节必须能够有效地通过较大的转动角度将扭矩传输到驱动轮上，而在后轮驱动的车辆上，这个转动角度会小很多。

2.1.2 等速万向节分类

等速万向节指的是输入轴与输出轴以相同的角速度传递动力的万向节，按工作性能可分为中心固定型和伸缩型。

中心固定型等速万向节可分为：

（1）RF 节　如图 2.1 所示，滚道在径向截面上为圆形，钢球为二点接触。

（2）AC 节　如图 2.2a 所示，滚道在径向截面上形状为椭圆或双圆弧。

（3）UF 节　如图 2.2b 所示，UF 节可提供与 AC 节相同的强度和使用寿命，与 RF 节相比，滚道在径向截面上为圆形和直线。

伸缩型等速万向节分为：

（1）GI 节　如图 2.3a 所示，GI 节是开放式的，广泛适用于变速箱侧的移动节，特别适用于中等摆角场合，较小的滑移阻力可以产生良好的 NVH 性能。

（2）AAR 节　如图 2.3b 所示，AAR 节用于差速器侧，与 GI 节相比，滑动阻力和轴向力都更小，NVH 性能更加优越。

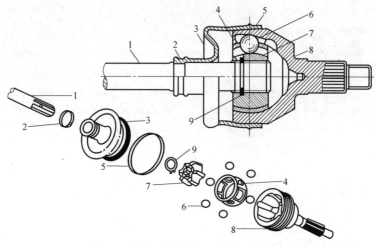

图 2.1　固定型球笼式万向节（RF 节）

1—主动轴　2—小钢带箍　3—外罩　4—保持架（球笼）　5--大钢带箍　6—钢球

7—星形套（内滚道）　8—球形笼（外滚道）　9—卡环

a) AC节

b) UF节

图 2.2　固定滚珠式万向节

a) 三销式万向节(GI节)

b) 三销滑动式万向节(AAR节)

c) 移动式万向节(VL节)

d) 双重偏置万向节(DO节)

图 2.3　伸缩型等速万向节

（3）VL 节　如图 2.3c 所示，钢球由在内、外套上的直滚道交叉处具有外球面的保持架夹持，内、外套上的直滚道在轴向等角度反向斜置。V2 节通常用作后轮驱动半轴的内侧万向节，在大摆角、小轴向力的场合使用。

（4）DO 节　如图 2.3d 所示，DO 节类似于 VL 型万向节，同样适用于大摆角、小轴向力的场合。

2.2　汽车等速万向节锻造工艺及模具设计

2.2.1　汽车等速万向节锻造工艺设计

等速万向节锻造产业经过十余年的研究攻关和不懈努力，逐步将塑性加工领域的先进精密成形技术应用到了等速万向节锻造生产。本节重点介绍等速万向节的长轴三柱槽壳锻造工艺[1]。

图 2.4 所示为长轴三柱槽壳的零件图。长轴三柱槽壳的头部是带有三个流道的中空壳体，柄部是直径依次递减的实心轴。根据零件图结构，可将零件轴部锻件图设计为三个直径依次递减的实心轴，同时由于轴部锻压成形精度不是特别高，因此留出机加工余量较多；对于壳体部分，由于冷精整壳体零件后成形精度很高，壳体内壁无需切削就可以满足设计需求；至于壳体外壁，考虑到零件结构特点，留出很小的切削余量即可，因此长轴三柱槽壳的锻件图设计如图 2.5 所示。长轴三柱槽壳的材料为 40Cr。

采用温冷复合挤压工艺，工艺流程如图 2.6 所示：截取棒材（图 a）→坯料进行球化退火、抛丸、低温预热坯料到 200℃ 左右→表面石墨涂层处理→中频感应加热到钢的临界温度 Ac_3 以上 20~50℃→正挤压锻件头部，同时对杆部进行第一次减径挤压（图 b）→镦粗头部（图 c）→反挤压锻件头部（图 d）→退火、抛丸、磷化皂化处理→第二次减径挤压杆部（图 e）→锻件冷精整（图 f）。

工艺路线选定好以后，再根据三柱槽壳的锻压件尺寸来设计每个工序的成形尺寸，其步骤如下：

用 UG 画出冷精整后锻件的三维图，由软件计算出锻件体积，根据成形前后体积不变的原则，另加上成形过程中所需切削加工去除的材料，得出坯料的体积。根据材料库中所含的不同规格棒料，选取 $\phi60\times195$ 的棒材作为坯料，如图 2.7 所示。

工步一：正挤压锻件头部，同时对杆部进行第一次减径挤压。正挤压工步设计，一般以一次挤出一个台阶的轴杆较合理，但根据成形产品特点，也可以一次挤出两个台阶，如图 2.8 所示。合理的正挤压变形量有利于延长模具寿命，工件顶出容易。实践证明，当正挤压变形量过大时，坯料的顶出要比挤压更困难。在合理比较锻造难度和材料消耗两个互相矛盾的因素后，得出的结论是：挤出轴杆直径最好不小于挤压筒直径的 50%。该工步设计的轴杆直径为挤压筒直径的 63.5%，符合

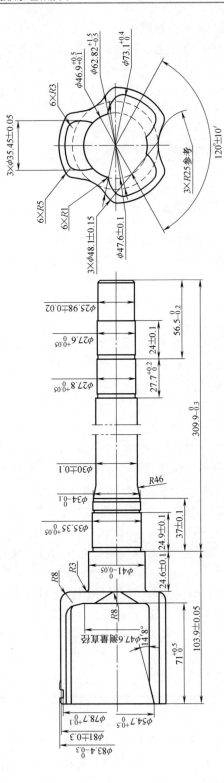

图 2.4　长轴三柱槽壳零件图

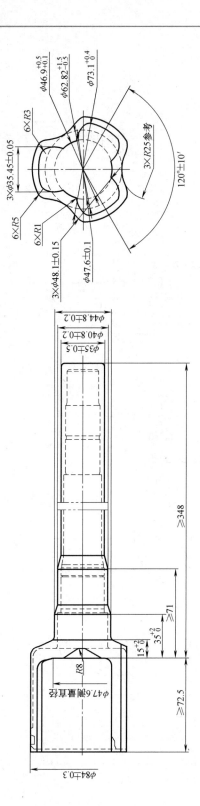

图 2.5 长轴三柱槽壳锻件图

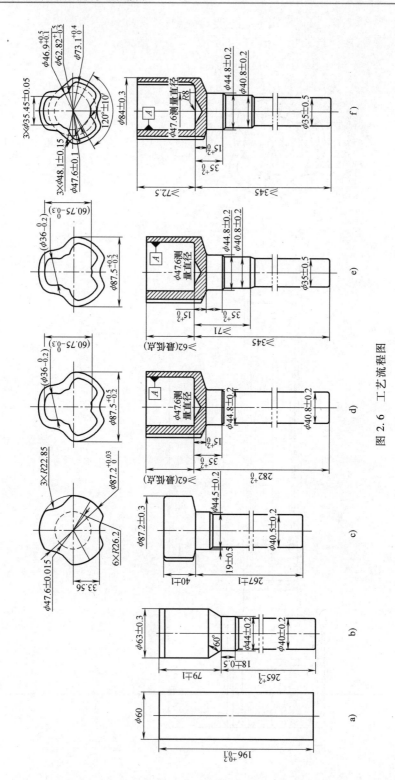

图 2.6　工艺流程图

要求。同时在该工序之前需对坯料进行前处理：倒角、球化退火、抛丸、石墨涂层，以及中频感应加热。

工步二：镦粗头部（见图 2.9）。将坯料头部镦粗，为反挤压做准备。镦粗工步设计要避免变形量不足。坯料感应加热时由于趋肤效应，存在"黑心"现象。如果镦粗变形量不够，坯料"黑心"现象得不到明显改善，会使后续反挤压工步产生偏心挤压现象。如在大变

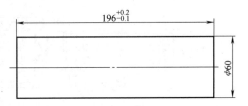

图 2.7 截取坯料

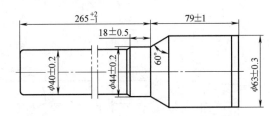

图 2.8 正挤压

形量镦粗后，由于坯料内部发生热效应，会使心部温度升高到大于外层温度。一般情况下，坯料镦粗后，其心部温度会比外层温度高 50℃ 左右，这对提高后续反挤压的同轴度是有好处的。

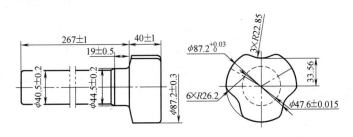

图 2.9 镦粗

工步三：反挤压锻件头部。反挤压工步是长轴三柱槽壳温锻成形的关键工序。由于温锻时材料变形抗力比冷锻小得多，并且塑性又好，所以温锻反挤压允许的变形量较大。按照长轴三柱槽壳产品结构，一次反挤压就可以达到产品成形尺寸，如图 2.10 所示。此道工序之后需要利用网带或井式炉进行退火处理。

工步四：第二次减径挤压杆部（见图 2.11）。在此工序之前需对坯料进行磷化皂化处理。

工步五：冷精整（见图 2.12）。

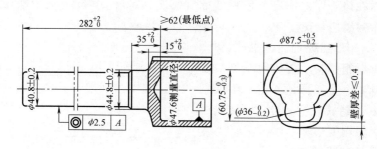

图 2.10 反挤压

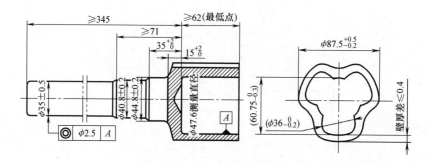

图 2.11 第二次减径挤压

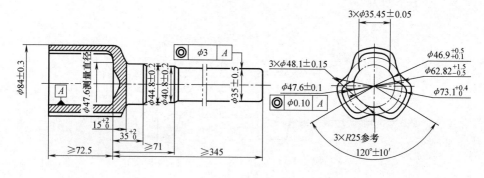

图 2.12 冷精整

2.2.2 模具设计规程

在设计体积成形模具之前，首先需要设计工艺路线（见 2.2.1 节），在工艺路线中可以确定好每个工步坯料所要挤压成形的几何尺寸和所要确定形状的工作面。在实际生产过程中，为锻挤件设计每个挤压工序的模具时，一般无须对整套模具结构进行重新设计，往往根据已有设备图样，对关键部分进行调整或改动，如对凸模、凸模套、凹模模芯、顶料器等进行设计调整，而对于模架、垫板、上下模板等标准件都可以套用。

温挤压的模具设计是温冷复合成形零件制造的一个非常重要的环节，模具设计的合理性直接关系到锻件挤压的成功与否。因此，在充分分析工艺流程中每个工步挤压件结构的前提下，结合工厂生产设备，选择合理的温挤压模具材料，设计合理的温挤压模具结构，以提高模具使用寿命和生产效率，并且降低生产成本。

温挤压模具系统设计的流程图如图 2.13 所示。

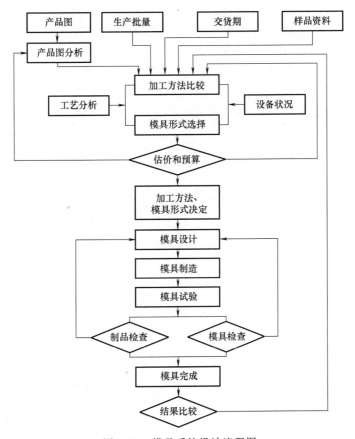

图 2.13　模具系统设计流程图

1. 正挤压及第一次减径挤压模具设计

在挤压成形过程中，由于压力机的往复运动，凹模在载荷的作用下发生弹性压缩与回复，当载荷过大时会有断裂的情况发生。所以，凹模一般设计成组合凸模形式。

（1）无预应力的凹模　挤压凹模不一定都需要施加预应力。当所受内应力低于 $1000N/mm^2$ 时，凹模自身的材料就可以承受住拉力，与此同时凹模的型腔表面有充足的表面硬度。通过对凹模内孔的局部进行淬火，就可以间接地达到施加预应力的效果，这种情况下，凹模可以承受 $1000N/mm^2$ 左右的压力。凹模在内应力的作用下，其内径的弹性变形会随着压力呈线性变化。如图 2.14 所示，在内压力的作用下，内径的切线方向上会产生拉应力 σ_t，拉应力在凹模孔的内壁上最大，沿着径向向外逐渐减小。凹模外边缘处仍可能会存在一拉应力。内径的径向上由于内压力的原因会产生压应力 σ_r，压应力 σ_r 在凹模内孔壁上最大，沿着径向向外逐渐减小，在凹模外边缘处大小变为零。

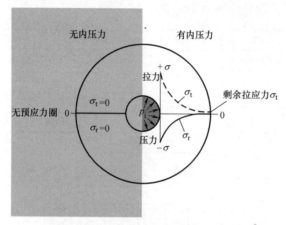

图 2.14　无预应力圈凹模的应力分布

为了使凹模不发生塑性变形，作用在其内壁上的等效应力 σ_v（$\sigma_v = \sigma_t + \sigma_r$），不应超过其材料的屈服极限 σ_s，避免塑性变形的发生。

一般情况下，金属材料能承受的拉应力极限要比其承受的压应力极限小得多，因此需要对凹模施加径向预应力。

（2）带预应力圈的凹模　如果凹模内径上的压力超过 1000N/mm^2，那么必须对凹模进行加强，否则，凹模就会因为过载而开裂。如图 2.15 所示，通过过盈配

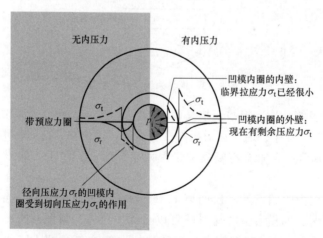

图 2.15　带预应力圈凹模的应力分布情况

合将硬质凹模内圈压入一个韧性的环内，就可以产生预应力，同时会强制性地在凹模内圈上产生预压应力，这样凹模内圈的内壁上就可以承受更高的压应力。过盈量越大，凹模内圈承受的预压应力就越大。但是，预压应力也不能太高，否则超过了预应力圈材料的抗拉极限时，预应力圈会断裂。另一方面，预应力过大，当达到材料的抗压强度时，由于心部材料太软或者所选的过盈量不正确，在凹模内壁上会出现裂纹。特别是当凹模轮廓不是对称的回转轴时，压入之后凹模内圈的内壁上会产生潜在裂纹的危险区域，因此对微裂纹进行检查是一个不可缺少的步骤，可以采用光学仪器检查。表 2.1 列出了各类预应力凹模的极限值。

表 2.1　预应力凹模的极限值

预应力圈个数	内压力/(N/mm^2)
无预应力凹模	$p_i < 1000$
单层预应力凹模	$p_i < 1600$
带钢质内圈的双层预应力凹模	$p_i < 2000$
带硬质合金内圈的双层预应力凹模	$p_i < 2160$

（3）凹模的横向和纵向分割　通常情况下，成形过程中在凹模内壁上的应力分布是不均匀的。如图 2.16 所示，在正挤压过程中，坯料是陷入凹模圈中的，坯料向外的张力会对凹模内圈形成压力，沿着模圈同心向外扩张，同时在凹模的凸起位置还会产生弯矩。这些不同的应力（拉、压和弯曲）在凹模内圈里面相互叠加，并且会相互作用。尤其是在模具的凹凸过渡区域，这些过渡圆弧或棱角会造成应力集中的现象，严重时会产生裂纹。

要解决上述问题，可以在凹模内圈的应力集中区进行横向和纵向分割，这样可以达到分散应力的目的，从而提高模具的使用寿命，如图 2.16 所示。

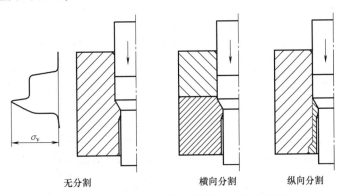

无分割　　　　　横向分割　　　　　纵向分割

图 2.16　用于正挤压的凹模横向和纵向分割

改善凹模承载能力的设计方法：

1）凹模带整体内圈。

2）凹模内圈带镶套（纵向分割）。

3）凹模横向分割，从外部施加轴向预紧力。

4）凹模横向分割，从内部施加轴向预紧力。

5）凹模纵向和横向分割，施加轴向预紧力。

考虑到凹模的复杂性、模具的制造难度和加工成本，采用第二种方法即凹模内圈带镶套来设计凹模，以避免应力集中。对于不同长度的同类挤压件，可通过更换凹模镶套来实现，节约了生产设计成本。

当凹模镶套以尽可能大的过盈量和凹模内圈配合时，凹模就可能拥有很高的寿命。迫使挤压时在圆柱形凹模内圈下部无压应力的区域被施加了径向预压应力，因此在承受压力时，应力不至于突然下降到零，从而避免了在横截面过渡区域出现危险的切向和轴向应力集中。

镶套应尽可能短。在挤压时，凹模镶套出现的弹性压缩会导致镶套和柱形凹模内壁之间发生摩擦焊接。如果由于设计的原因，凹模镶套的长度不能保证足够短，那么镶套的外表面就应该进行磷化、氮化或者镀铜处理。

此外，增加的凹模镶套收缩余量还阻止了材料渗入镶套和内圈之间的缝隙中。由于进行了纵向分割，轴向平行的拉应力完全消失，在凹模镶套端面上作用的只是压应力。由于镶套入模口的几何形状是尖角，尽管镶套已施加了径向预应力，但过一段时间以后，材料可能会渗入镶套和凹模内壁之间的缝隙中。因此必须将镶套取出，并将缝隙处清理干净。图 2.17 显示了凹模镶套和凹模内壁的安装方式。

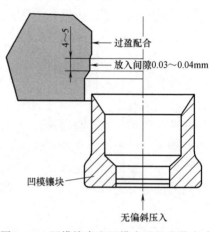

图 2.17　凹模镶套和凹模内壁的安装方式

（4）凹模设计要点　温挤压成形时，正挤凹模模型如图 2.18 所示。凹模孔口直径 d_1 等于工件杆部直径，如图 2.19 中

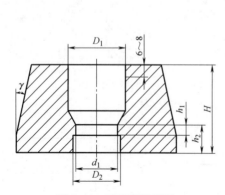

图 2.18　正挤凹模模型

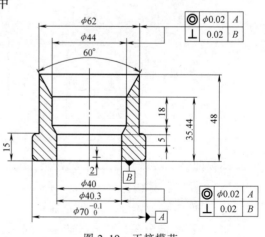

图 2.19　正挤模芯

$\phi 40$ 所示。凹模整体高度 H 根据毛坯长度、引导部分长度和 h_2 确定，应使凸模与毛坯接触前至少进入凹模 $6 \sim 8\text{mm}$。图 2.20 中，凹模整体高度为 196mm（坯料长度）+7mm（引导部分长度）+35mm（图 2.18 中 h_2）= 238mm；工作带长度 h_1 取 $3 \sim 5\text{mm}$，如图 2.19 中工作带 5mm 所示；工作带下部的直径 $D_2 = d_1 + (0.2 \sim 0.4)$ mm，如图 2.19 中 $\phi 40.3$ 所示；正挤压凹模的外表面呈锥面，锥角 $\gamma = 1° \sim 3°$，如图 2.20 中 $1°$ 所示；挤压筒直径 D_2 = 坯料直径 + $(2 \sim 3)$ mm = 60mm + 3mm，如图 2.20 中 $\phi 63$ 所示。正挤凸模尺寸如图 2.21 所示。

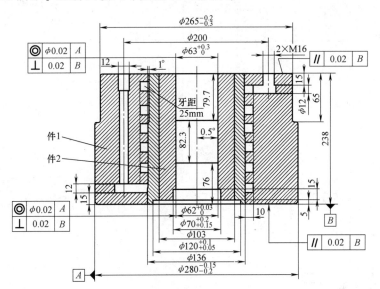

图 2.20 整体正挤凹模

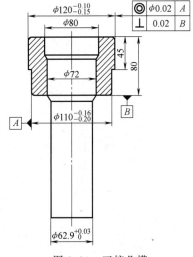

图 2.21 正挤凸模

2. 镦粗模具设计（见图 2.22、图 2.23）

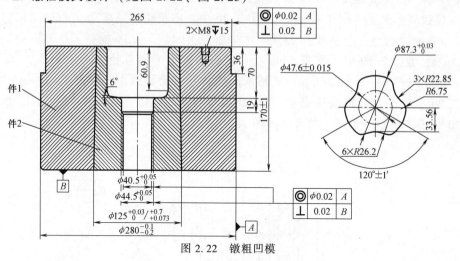

图 2.22　镦粗凹模

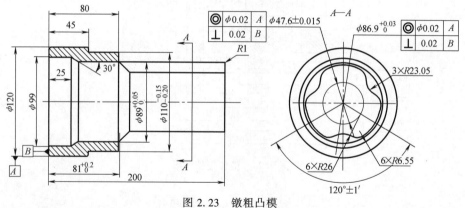

图 2.23　镦粗凸模

2.2.3　反挤压模具设计（见图 2.24、图 2.25）

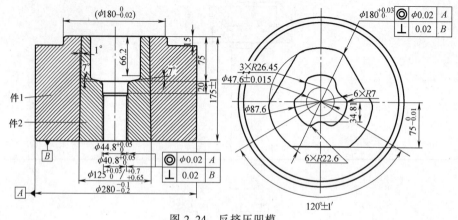

图 2.24　反挤压凹模

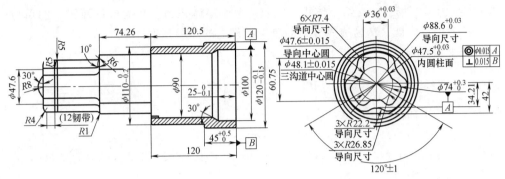

图 2.25   反挤压凸模

2.3   汽车等速万向节温挤压数值模拟理论

2.3.1   有限元数值模拟理论

在温挤压成形过程中，生产设备产生的大量机械功通过金属挤压变形以及模具和工作界面的摩擦力转变为热能。热能使得模具和工件坯料的温度产生变化，而大多数材料的流变应力、摩擦系数和导热系数等材料性能均与温度有关，因此热能的分析是不可忽视的。为了使得有限元数值模拟的挤压变形过程变得更加精确，就必须将温度因素考虑进去，即进行温度场与挤压变形场的耦合计算[2]。

2.3.2   热-力耦合有限元理论

金属在挤压变形过程中，在产生形变的同时温度也会有相应的变化。在准确地分析挤压变形过程时，应将温度场和应力场的分析联合起来求解。金属材料在挤压变形过程中，温度场和变形场相互影响，存在以下关系：温度变化影响材料力学性能变化，材料力学性能改变进而影响材料变形过程，材料变形影响挤压热边界条件，材料变形产生的功以及摩擦功转变为热，进一步影响材料温度。这一系列过程即温度场和变形场之间的相互耦合。对于这类问题，如果采用温度、热应力以及变形分开解耦的方法，会有较大的误差产生。因此应使用热-力耦合场的方法来求解，即将热传导和力平衡这两种场方程同时处理[3]。

2.3.3   热-力耦合分析的基本方程

温挤压成形过程会产生很大的变形，可以用拉格朗日方法来描述。温度场-应力场耦合的计算过程如下：

针对体积为 V、边界为 S、密度为 ρ 的材料，能量守恒方程为

$$\int_V \rho v_i \frac{\partial v_i}{\partial t} \mathrm{d}V + \int_V \frac{\partial \rho}{\partial t} U \mathrm{d}V = \int_V \rho(\overline{Q} + b_i v_i) \mathrm{d}V + \int_S (P_i v_i - H) \mathrm{d}S \qquad (2.1)$$

式中，v_i 为速度场；$\overline{Q}$ 为给定体积热流；b_i 为给定体积力；P_i 为单位面积上的单位力；U 为给定内能；H 为边界 S 上的单位面积上的热流强度。

力平衡方程为

$$\int_V \rho\left(b_i - \frac{\partial v_i}{\partial t}\right)dV = \int_S P_i dS \tag{2.2}$$

式中，P_i 可用柯西应力方式表示为

$$P_i = n_i \sigma i_j \tag{2.3}$$

式中，n_i 为表面积 S 上的法线方向。将式（2.1）代入式（2.2）可得温度场-应力场耦合能量守恒方程：

$$\int_V \left[\rho\left(\overline{Q} - \frac{\partial U}{\partial t}\right) + \sigma_{ij}\frac{\partial v_i}{\partial x_j}\right]dV = \int_S HdS \tag{2.4}$$

根据虚功原理，满足结构位移 u_i 所需条件为

$$\int_V \sigma_{ij}\frac{\partial \delta u_i}{\partial x_i}dV = \int_V \rho b_i \delta u_i dV - \int_V \frac{\partial v_i}{\partial t}\delta u_i dV \tag{2.5}$$

假设惯性的影响可以不计，则式（2.5）中右侧的第二项可以忽略；假设物体 V 的力平衡方程（2.2）和能量守恒方程（2.1）都是建立在当前构件上的，则对于温度场-应力场耦合问题可使用弱耦合的增量非线性有限元方法处理，其解过程为：在每一增量步开始时，当前位移增量修正区域 V 和边界 S，然后在增量步内交替迭代力平衡方程和能量守恒方程。

变形功转化为热的表示式为

$$Q = Mf\frac{\partial W^p}{\partial t} \tag{2.6}$$

式中，M 为热功转化系数；f 为塑性变形做功转化为热流的比例系数；$\partial W^p/\partial t$ 为塑性功率。

接触摩擦引起的表面热流变化表示为

$$Q_f = MF_{fr}v_r \tag{2.7}$$

式中，Q_f 为摩擦力引起的热流；F_{fr} 为接触表面摩擦力；M 为热功转化系数；v_r 为接触表面的相对滑移速度。

F_{fr} 用滑动库仑摩擦模型表示为

$$F_{fr} = -\mu f_n t \tag{2.8}$$

式中，f_n 为法向作用力；μ 为摩擦系数；t 为相对滑动面上的切向单位向量。

2.4 温锻成形工艺数值模拟模型

2.4.1 有限元模型的建立

在温挤压工序中，正挤压+第一次减径挤压成形后的工件为旋转体，而工件经

镦粗和反挤压成形后为轴对称，在 UG 中建立坯料以及三个工步所需的凹凸模的三维模型，根据零件形状对称特点，取其 1/2 的模型，以 STL 格式导出。DEFORM-3D 中的温锻模型如图 2.26 所示。

2.4.2　模拟参数的设置

模拟参数设置如下：坯料材料为 40Cr，对应 DEFORM 材料库中 AISI-5140，选取四面体相对网格划分法，坯料网格划分数为 32000，温挤压时环境温度设为 20℃；凹模和凸模的材料均为 AISI-H-13，温挤压的成形过程中模具变形较小，将模具视为刚性体，不考虑其变形问题，凸模的下压速度为 10mm/s，凸模步长取变形体最小单元长度的 1/3，预镦粗时凸模步长为 1.2mm，镦粗时凸模步长为 1mm，反挤时凸模步长为 0.6mm。

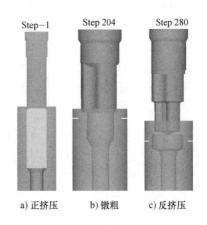

a) 正挤压　　b) 镦粗　　c) 反挤压

图 2.26　温锻模型

2.4.3　数值模拟工艺方案

影响温挤压成形过程的主要工艺参数有坯料初始温度、摩擦系数和凸模速度。固定其中两个条件，分别设置不同的坯料初始温度、摩擦系数和凸模速度，通过对不同参数模拟所得结果进行分析比较，可知不同工艺参数对温挤压成形过程的影响规律，并分析产生的原因，进而为实际生产中的工艺参数选择提供理论依据。具体工艺方案如下：

当凸模速度为 10mm/s、摩擦系数为 0.2 时，取坯料初始温度（T）分别为 750℃、775℃、800℃、825℃和 850℃。

当坯料初始温度（T）为 825℃、摩擦系数为 0.2 时，取凸模速度分别为 0.1mm/s、5mm/s、10mm/s、15mm/s 和 20mm/s。

当坯料初始温度（T）为 825℃、凸模速度为 10mm/s 时，取摩擦系数分别为 0.1、0.2、0.4、0.5 和 0.6。

2.5　温挤压成形过程模拟

2.5.1　温挤压正挤成形过程

温挤压成形过程中，被挤压金属材料在模腔约束和凸模压力作用下向模口运动。随着凸模的不断下压，金属的流动性加剧，金属的流动速率不仅取决于凸模的运动速度，同时也与坯料的尺寸、形状和模具边界条件有关。

图 2.27 示出了正挤压不同变形阶段坯料金属的流动速度分布以及锻件形状变化情况。图 2.27a 所示为凸模下压步数为第 20 步时坯料金属的速度分布状况，所取三个点位置见图中箭头处，分别为：坯料顶端的中间部分、坯料底部中间部分、凹模锥角处。图中数据显示，图 2.27a 中速度最快的为最左边图，速度为 10mm/s，其次为中间图，速度为 2.24mm/s，最慢的为最右边图，速度为 1.20mm/s。

图 2.27b 所示为凸模下压步数为第 40 步时坯料金属的速度分布状况，所取三个点位置分别为：坯料底部中间部分、坯料顶端的中间部分、凹模锥角处。图中数据显示，图 2.27b 中速度最快的为最左边图，速度为 27.5mm/s，其次为中间图，速度为 10mm/s，最慢的为最右边图，速度为 8.68mm/s。

图 2.27c 所示为凸模下压步数为第 80 步时坯料金属的速度分布状况，所取三个点位置与图 2.27b 一致。图中数据显示，速度最快的为最左边图，速度为 24.8mm/s，其次为中间图，速度为 10mm/s，最慢的为最右边图，速度为 8.73mm/s。

由图 2.27 可知，三个分图中金属流动速度最小的区域都是凹模锥角处，这是因为坯料的直径由大变小时，凹模会对金属的流动起到一个阻碍作用，并且凹模锥角处会形成一个小范围的黏滞区，该区域内的金属在成形过程中不参与变形。黏滞区的大小与坯料和模具的摩擦力大小有关，摩擦力越大，黏滞区面积越大，此外，黏滞区的大小也与凹模锥角的锥度大小以及形状等因素有关。三个图中坯料顶端的中间部分点的速度都为 10mm/s，这是因为设置的凸模向下速度为 10mm/s，该点紧靠凸模，所以与其速度一致。图 2.27a 中速度最快的位置为坯料顶端的中间部分，这是因为正挤压+第一次减径挤压工序所设计凹模的头部直径为 63mm，比坯料的初始直径 60mm 要大。刚开始挤压时，凹模锥角部分给坯料一个很大的作用力阻止金属的向下流动，坯料底部中间部分的速度很慢，仅为 2.24mm/s，所以坯料的金属首先将凹模头部的大径部分充满，此时的最大速度区域为靠近凸模部分，并且和凸模下压速度一致，为 10mm/s。图 2.27b 和图 2.27c 中最快的位置都为坯料底端的中间部分，这是因为当金属将凹模的头部大径部分填充满后，凸模继续下压会突破凹模锥角部分给坯料的作用力，从而使坯料达到减径的目的。凸模下压同样距离时，由于凹模下端直径比上端直径要小，根据体积不变原则，坯料下端速度要比上端速度快。由图可见，图 2.27b 中最大速度要比图 2.27c 中最大速度要快，这是因为图 2.27b 所处变形阶段为坯料金属刚突破凹模锥角部分的阻碍作用而向下流动的时候，这个时刻金属所受的压力比较大，加速了金属的流动，而图 2.27c 所处的变形阶段为减径进行了一段时间，到了比较平稳的阶段，所以图 2.27b 中速度相对图 2.27c 中要快。

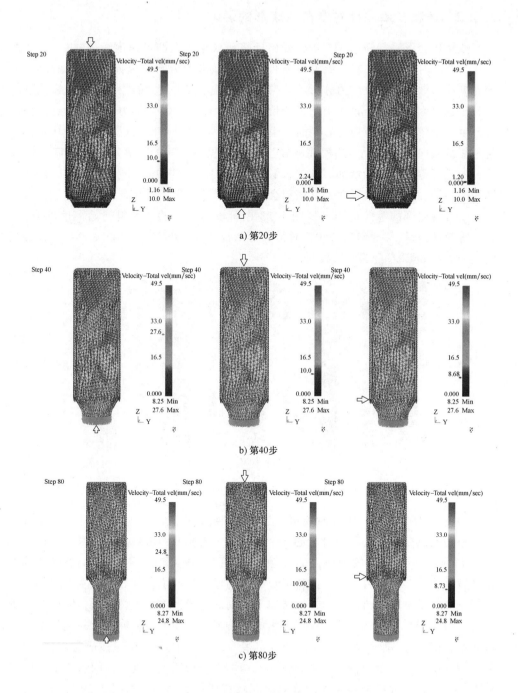

图 2.27　正挤压不同下压步数坯料的速度场

(变形温度：825℃，凸模速度：10mm/s，摩擦系数：0.2)

2.5.2 坯料初始温度对温挤压成形的影响

温挤压变形进行到第 316 步，开始反挤压成形，在凸模速度为 10mm/s、摩擦系数为 0.2 时，不同坯料初始温度条件下的等效应力分布情况如图 2.28 所示。由图可见成形锻件的等效应力分布不均匀，其中等效应力最大的位置为与凸模接触的区域。这是因为反挤压过程中凸模会给坯料一个比较大的成形力，凸模附近的金属会产生一个较大的等效应力。同时，由于锻件底部已经被凹模以及顶料杆堵死，金属不能继续向下流动，而凸模在继续下压的过程中，其下面紧靠的金属流动性很差，加剧了等效应力的增加。此外，锻件底部相对锻件中间部分的等效应力要大，这是因为锻件反挤压成形时，其底部会受到顶料杆的作用阻止金属向下流动，从而增加了锻件底部的等效应力。从图 2.28 也可以看出，随着坯料初始温度的升高，最大等效应力呈下降趋势，750℃时最大等效应力为 370MPa，而在 850℃时最大等效应力为 308MPa，下降了 16.8%。

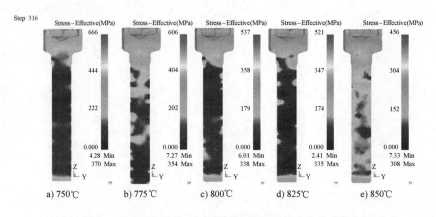

图 2.28 不同坯料初始温度对反挤压等效应力的影响

图 2.29 所示为第 316 步时反挤压工件内跟踪特征点的位置分布，图 2.30 所示为坯料初始温度对反挤压中指定的五个特征点等效应变的影响。由图可见，特征点 1 和特征点 2 位于与凸模和锻件的接触区，承受的压力较大。从图 2.29 可以看出该区域承受的等效应力较大，但特征点 1 处的形变量较小，其等效应变也较小；而特征点 2 处于金属沿凸模工作带反挤向上运动的位置，属于大变形区，因此该处所受的等效应变是五个指定特征点中最大的。特征点 3 靠近坯料轴线，并且处于小变形区域，因此等效应变最小。特征点 4 和特征点 5 都位于长轴三柱槽壳体部分，属于中等变形区。由于特征点 4 处壳体的壁厚大于特征点 5 处壳体的壁厚，金属流动更加容易，因此特征点 4 处的等效应变较特征点 5 处小。由图 2.29 可得，反挤压时，五个特征点处等效应变所受坯料初始温度的影响不大。

综上所述，坯料初始温度对温挤压成形过程有着重要的影响。在限制凸模速度以及摩擦系数等参数不变的条件下，随着坯料初始温度的升高，因温度对坯料的软化作用，金属材料的流动性增加。反挤压时工件的最大等效应力集中在与凸模接触区域附近，并且随温度的升高而降低。因此，在进行温挤压变形时，可以适当地提高温度，这有利于工件成形；但温度也不能过高，过高的温度会加速产品在生产中的氧化，减小成形精度。一般将 40Cr 材料加热到 $Ac3 +$ $(20\sim50)℃$ 之间（40Cr 的 $Ac3$ 为 805℃），这样可以让材料完全奥氏体化，改变了材料的内部组织结构，使得零件温挤压并且退火后达到细化晶粒、降低硬度的作用，因此该温度可控制在 825～855℃ 之间。

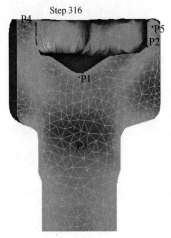

图 2.29 第 316 步时反挤压工件内跟踪特征点的位置分布

2.5.3 凸模速度对温挤压成形的影响

温挤压变形在反挤压成形过程中，坯料初始温度为 850℃，摩擦系数为 0.2，不同凸模速度条件下成形零件的等效应力分布情况如图 2.31 所示。图中显示，反挤凸模速度为 1mm/s、5mm/s、10mm/s、20mm/s 和 30mm/s 时，工件的最大等效应力分别为 400MPa、318MPa、308MPa、335MPa 和 343MPa。在五个不同的凸模速度中，当凸模速度为 10mm/s 时的最大等效应力最低。这是因为，相对于 10mm/s 的凸模速度，当凸模速度为 1mm/s 时，后者工件变

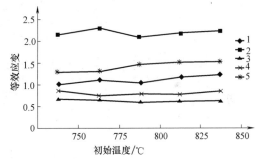

图 2.30 反挤压时坯料初始温度对特征点等效应变的影响

形所需时间是前者的 10 倍，由于时间的拉长使得坯料的温度下降明显，由上一节可知，温度越高，工件所受的最大等效应力越小，从而凸模速度从 1mm/s 上升到 10mm/s，工件所受的最大等效应力是减小的。凸模速度从 10mm/s 上升到 30mm/s 时，前者坯料与凸模接触的时间仅为后者的 3 倍，这时坯料的温度下降也变缓，从而使材料的变形抗力变小。但凸模速度的快速增加会带来材料的硬化加强，即使坯料的变形抗力增加。综合考虑，当凸模速度为 10mm/s 时的最大等效应力最小。

反挤压成形过程中，坯料初始温度为 850℃，摩擦系数为 0.2，不同凸模速度对反挤压中指定的五个特征点等效应变的影响规律如图 2.32 所示。其中的五个特

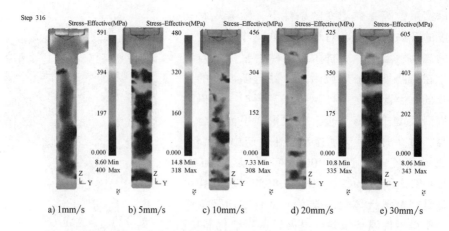

a) 1mm/s　　b) 5mm/s　　c) 10mm/s　　d) 20mm/s　　e) 30mm/s

图 2.31　凸模速度对反挤压等效应力的影响

征点指的是图 2.29 中的五个点。由图可知，在五个特征点处，凸模速度对等效应变的影响不大。其中等效应变最大的仍是特征点 2 处，即金属沿凸模工作带反挤向上运动的位置，该处金属的变形量是几个特征点中最大的。

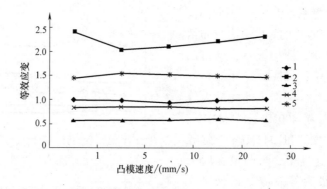

图 2.32　凸模速度对特征点等效应变的影响

　　金属的流动速度是由凸模速度决定的，同时材料成形的温度场的分布又受变形热效应的影响。变形热效应指的是：材料在高速变形过程中，凸模与材料的接触时间很短，材料剧烈塑性变形所产生的大量热来不及传递到凸模实现散热，所以此时靠近凸模附近区域的工件温度不降反升。这种情况随着凸模下压速度的增加而增加，凸模速度越快，坯料传递给凹、凸模的热量越小，对于模具而言，相对较低的温度会增加其寿命。在综合考虑到生产效率以及模具温度的情况下，应当选择尽量大的凸模速度。然而适当降低凸模速度会带来硬化减小，从而使变形抗力降低，增加模具寿命。因此综合考虑到生产效率、成本以及模具寿命，反挤压凸模速度选择 10mm/s 附近时为最佳，可根据实际生产适当调整。

2.5.4 摩擦系数对温挤压成形的影响

摩擦条件对工件的挤压变形有着十分重要的影响。在温挤压过程中，由于坯料初始温度和成形压力较高，同时由于金属在温挤压成形过程中的流动而不断产生新的表面，这使得温挤压成形的摩擦边界条件不断变化。影响摩擦系数的因素很多，例如：坯料初始温度、凸模挤压速度、模具和坯料表面粗糙度、金属材料化学成分、接触面上的压力等。在本节的模拟计算中，将这些因素综合考虑即摩擦系数对温挤压变形的影响。

本例为温挤压变形在进行到第 316 步，即进行到反挤压成形、坯料初始温度为 825℃、速度为 10mm/s 时，不同凸模速度条件下的等效应力分布情况，如图 2.33 所示，图中显示，摩擦系数为 0.1、0.2、0.3、0.5 和 0.6 时，工件的最大等效应力分别为 317MPa、335MPa、347MPa、363MPa 和 385MPa。这说明，工件的最大等效应力随着摩擦系数的增加而增大，这是因为摩擦系数的增大阻碍了坯料的金属流动，增加了材料的变形抗力，从而使得工件所受的最大等效应力增加。

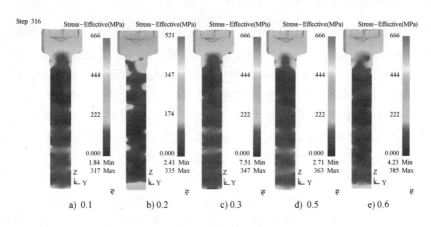

图 2.33　摩擦系数对反挤压等效应力的影响

图 2.34 所示为不同摩擦系数对反挤压中指定的五个特征点等效应变的影响。其中的五个特征点指的是图 2.29 中的五个点。由图可知，特征点 2 处的等效应变随摩擦系数的增加而增大。这是因为特征点 2 位于坯料与凸模接触位置，此处金属经反挤压向上流动，摩擦系数的增加会阻碍金属的流动，从而增加了该处金属的变形量，导致该处的等效应变增大；特征点 1 处，随着摩擦系数增加等效应变减小，这是因为特征点 1 处于凸模正下方与材料接触的附近区域，摩擦系数的增大会导致黏滞区的增大，变形量减小，从而使该点处等效应变减小；而特征点 4 和特征点 5 处于刚性平移区，特征点 3 位于小变形区，因此摩擦系数对这三个特征点处的等效应变影响不大。

综上所述，摩擦系数的增加使得变形抗力很高，因此也加大了能量的消耗。摩擦产生的热量会使得模具表面硬度降低，加剧了模具的磨损。从图 2.33 可知，摩擦系数越小越好，以达到降低能耗、延长模具寿命、改善产品表面质量的目的。但综合考虑到生产成本、生产效率以及现有技术的条件，太低的摩擦系数很难达到。因此，温锻反挤压成形过程中选择摩擦系数

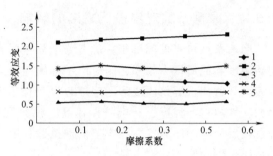

图 2.34　摩擦系数对特征点等效应变的影响

为 0.2~0.3，同时应根据实际生产情况选择合适的润滑剂来达到最佳生产效果。

2.6　汽车等速万向节温挤压成形模具磨损研究

2.6.1　模具磨损的机理

模具失效指的是模具损坏后不能经由修复继续使用的情况。本节中的温挤压成形需将材料加热到完全奥氏体化以上，以使坯料发生塑性变形更加容易、成形后的工件性能更好，同时为了避免模具温度持续上升，反挤压凸模在每个工件挤压完后应进行冷却处理。在这样恶劣的工作条件下，模具不断周期性地承受机械载荷以及热载荷的作用，因此反挤压凸模很容易发生失效。模具的失效种类有很多，主要有模具磨损、塑性变形以及断裂。根据相关数据显示，模具磨损导致的失效约为70%，塑性变形以及断裂产生的失效分别为20%和10%[4]。

在温锻反挤压成形过程中，由于模具与坯料的相对运动而产生磨损，这时模具尺寸发生改变。当尺寸改变较大而不能通过修模恢复功能时将造成模具报废。模具磨损可分为以下四种类型：磨粒磨损、黏着磨损、疲劳磨损和腐蚀磨损。在温锻反挤压成形中，前三种为凸模磨损的最主要失效形式[5]。

1. 磨粒磨损

工件材料成分中会存在部分硬质颗粒，同时实际生产时也将有部分未知硬质颗粒进入模具与坯料接触表面之间。温挤压进行时，由于金属的不断流动，材料中已有硬质颗粒和外来未知硬质颗粒、硬质凸起将和模具表面不断相对运动，使模具表面出现犁沟或划痕，从而引起模具表面材料脱落，这种现象称为磨粒磨损。磨粒磨损是磨损中最主要的一种形式，据相关数据，磨粒磨损造成的损失占所有磨损损失的50%以上。润滑条件、模具表面硬度、工件厚度、坯料杂质成分、模具与坯料表面压力等都是影响磨粒磨损的因素。

2. 黏着磨损

黏着磨损也叫摩擦磨损。从微观角度来看，无论是模具表面还是工件表面都是

凹凸不平的。当两者发生相对运动时，某些凸起的接触点上所受的局部应力将超出材料的屈服强度，从而发生塑性变形，产生黏着，如图 2.35 所示。模具凸起接触点材料黏着在工件凸起部分，相对运动使得模具表面的材料因为剪切断裂而分开，从而使得模具表面的材料脱落或转移到工件上，这种现象叫黏着磨损。

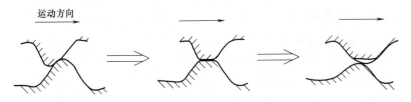

图 2.35　黏着磨损过程示意图

3. 疲劳磨损

温挤压成形过程中，凸模与坯料相互接触，表面会有相对运动的发生，因此在产生的交变应力作用下，使得接触应力大于模具材料的疲劳强度，导致模具表面发生塑性变形，在凸模表面出现豆状、贝壳状或不规则坑点，使模具表面金属出现裂纹并在力的作用下发生疲劳脱落，这一现象称为疲劳磨损。材料表面粗糙度、冶金质量和硬度等是疲劳磨损的影响因素。

4. 腐蚀磨损

零件挤压变形过程中，模具和零件发生摩擦时，模具和零件之间会存在气体或液体（尤其是润滑剂）。在这样的化学环境下，金属表面将会发生化学或电化学反应，特别是温锻热锻时将会加剧这种反应。这会使得模具或零件表面有腐蚀物产生，从而引起表面腐蚀。此外，这些腐蚀物容易在挤压产生的相对运动中掉落，进一步造成模具表面新的表面损失。虽然润滑剂等化学物品的添加加剧了成形模具的腐蚀磨损，但该种磨损控制在一定程度内是被允许的，因为挤压过程中如果没有润滑剂的添加，模具与零件之间发生的黏着磨损将使得磨损情况更加严重。腐蚀磨损一般分成化学腐蚀和电化学腐蚀两大类。发生腐蚀磨损的模具表面会有光滑的小麻点或化学反应膜出现。

5. 磨损的交互作用

在材料成形过程中，摩擦磨损的情况非常复杂，磨损往往不只是上述情况中的某一种形式，而是多种形式交织在一起，相互促进和影响。模具表面发生疲劳磨损以及黏着磨损后，部分材料剥落形成的微小颗粒产生磨粒磨损。磨粒磨损的发生，使得模具表面有犁沟或划痕的出现，这进一步加剧了疲劳磨损、黏着磨损以及化学磨损。如此反复，造成了模具磨损的程度不断增加。

磨损过程可分为初期磨损、正常磨损和急剧磨损三个阶段，如图 2.36 所示。

1）初期磨损阶段。如图 2.36 中 o-a 段所示，新模具刚开始投产，凸凹模容易发生塑性变形和黏着磨损，该阶段磨损速度较快。

2）正常磨损阶段。如图 2.36 中 *a-b* 段所示，模具工作一段时间后，模具与坯料之间的摩擦磨损为磨损的主要形式，该阶段磨损缓慢平稳，所经历时间最长。

3）剧烈磨损阶段。如图 2.36 中 *b-c* 段所示，模具工作较长时间后，由于模具与工件之间的反复冲击，以及模具温度的反复升降，模具表面出现疲劳剥落。同时由于模具尺寸变化较大引起的模具与工件之间缝隙增大，使得成形润滑效果降低，造成该阶段磨损急剧增加。

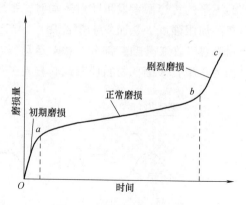

图 2.36　磨损的三个阶段

2.6.2　磨损基本模型

多年来，针对磨损机理很多相关专家已经做了大量的研究和试验，其中最著名的有两个，分别为 Holm 黏着磨损模型和 Archard 理论模型。

1. Holm 黏着磨损模型

Holm 研究了黏着磨损理论，最早的黏着磨损模型于 1946 年提出。他认为，接触面为平面时，摩擦会在两物体之间的相对运动中产生，一方的原子捕获另一方的原子，造成材料的转移和磨损。由于接触发生在真实接触面积 A_r 中，当滑动距离为 L、原子间的距离为 a 时，则在摩擦面上相互接近的原子数 N_2 为

$$N_2 = A_r L / a^3 \tag{2.9}$$

在此过程中，磨损体积 V 内包含试样的原子数 N_1 为

$$N_1 = V / a^3 \tag{2.10}$$

假定接触原子间发生转移的概率为 K，则

$$V = N_1 a^3 = K N_2 a^3 \tag{2.11}$$

2. Archard 理论模型

Archard 提出的理论模型认为：两名义平滑表面实际如图 2.35 所示，两物体相对运动时高凸部分会有局部应力集中，继而产生塑性变形。设两高凸部分为半球形且半径相同，下面物体凸起部分材料较软，硬度为 H，两凸起物体所受法向载荷为 δP，则

$$\delta A = \pi a^2 = \delta P / H \tag{2.12}$$

式中，δA 为两凸起物体塑性变形后的接触面积；a 为该接触面积的半径。

设一次滑动的结果产生一个磨损体积为 δV 的颗粒，则

$$\delta V = 2\pi a^2 / 3 \tag{2.13}$$

此外，这对凸起物体滑动摩擦前进的行程为

$$\delta L = 2a \tag{2.14}$$

于是可以求得体积磨损率 δW

$$\delta W = \delta V / \delta L = \pi a^2 / 3 = \delta A / 3 = \delta P / (3H) \tag{2.15}$$

对这个接触平面可得

$$W = \sum \delta W = K_1 P / (3H) \tag{2.16}$$

式中，K_1 为比例常数，为简化起见，取 $K = K_1 / 3$。因此可得

$$W = KP / H \tag{2.17}$$

式中，K 称为磨损系数，其意义是一对凸起物体相互摩擦出现一个磨粒的概率。该式即 Archard 黏着磨损模型。

Archard 模型的不足之处在于：它没有考虑金属变形的物理特征；数学推导中一些假设过于武断；没有将不同条件下的金属磨损情况考虑周全。

2.6.3　挤压工艺参数对模具磨损的影响

模具寿命的一个重要指标就是模具磨损量，通过模拟结果可以看出模具磨损量分布及其深度，这些数值对于选择最优工艺方案和预测模具寿命有着重要的作用。研究模具磨损受各工艺参数影响的规律，对于提高温挤压中模具寿命意义重大。在温挤压的三个工步中，反挤压凸模相对于其他两个工步所用凸模更容易出现磨损失效。因此本节将分别讨论坯料初始温度、凸模速度、模具初始温度和摩擦系数对温锻反挤压凸模磨损量的影响规律。

1. 坯料初始温度对模具磨损的影响

在温挤压成形过程中，模具表面温度及其分布对模具的磨损有着非常重要的影响。模具表面温度过高将使材料软化，加之挤压的进行将使模具表面尺寸发生变化，同时每个工件挤压完后要对模具进行冷却。在这样的冷热交替作用下，模具材料产生热胀冷缩的热交变力，因此造成模具变形、开裂。坯料向模具的传热以及坯料挤压变形与模具摩擦是造成模具表面温度过高的两个原因。不同坯料初始温度下的反挤压模拟条件见表 2.2。

表 2.2　不同坯料初始温度下的反挤压模拟条件

材料		摩擦系数	成形速度/(mm/s)	初始温度/℃
坯料	40Cr	0.2	10	750、775、800、825、850
模具	H13			250

图 2.37 所示为不同坯料初始温度下的凸模温度分布，可以看出坯料初始温度分别为 750℃、775℃、800℃、825℃ 和 850℃ 时，凸模表面最高温度分别为 400℃、403℃、405℃、409℃ 和 413℃。由图可知，随着坯料初始温度的增加，凸模表面最高温度逐渐增加，相较于坯料初始温度 750℃ 时的凸模表面最高温度 400℃，850℃ 时的凸模表面最高温度为 413℃，增加量仅为 3.25%。这是由于坯料初始温

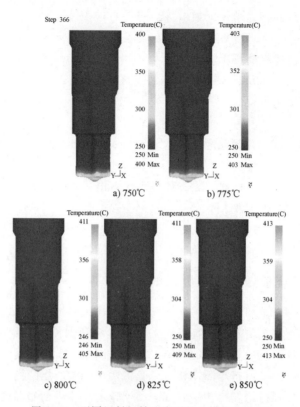

图 2.37　不同坯料初始温度下的凸模温度分布

度的增加使得坯料与模具温差减小，在其他条件不变的情况下，坯料传导到模具上的热量增多，从而使得凸模温度升高，同时由于挤压速度较快，凸模与坯料接触的时间不够长，因此导致凸模表面最高温度增加的幅度比较小。

图 2.38 所示为不同坯料初始温度下的凸模载荷-时间变化情况。图中三段载荷分别为正挤压+第一次减径挤压、镦粗、反挤压。其中正挤压+第一次减径挤压和镦粗的最后阶段都呈直线上升，因此在这两个工步挤压时都必须严格控制好凸模行程，以避免过载造成的模具失效等问题。三个工步中最大载荷在反挤压进行到中间阶段时出现，这时坯料金属正好将凹模下端空隙填满后金属被凸模反挤向上移动。由图 2.38 可知，坯料初始温度分别为 750℃、775℃、800℃、825℃ 和 850℃ 时，凸模最大载荷分别为 1.76MN、1.56MN、1.53MN、1.48MN 和 1.40MN。这说明，凸模载荷随着坯料初始温度的升高而降低，相较于坯料初始温度 750℃ 时的凸模最大载荷 1.76MN，850℃ 时的最大载荷为 1.40MN，减小了 20.45%。

图 2.39 所示为不同坯料初始温度下的凸模磨损分布情况。由图可知，凸模的最大磨损深度位置都是金属沿凸模工作带反挤向上运动的位置，因为该处被挤压金属与凸模的相对运动最大，造成的磨损也最为剧烈。由图 2.39 可知：坯料初始温度为 750℃、775℃、800℃、825℃ 和 850℃ 时，凸模的最大磨损深度分别为 1.91×

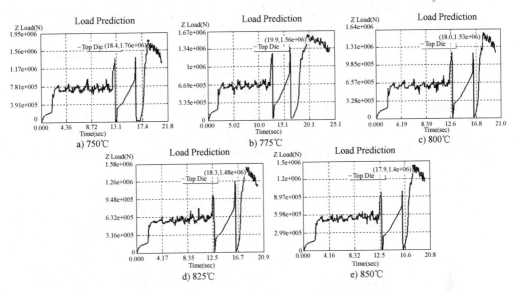

图 2.38 不同坯料初始温度下的凸模载荷-时间图

10^{-5} mm、1.89×10^{-5} mm、1.81×10^{-5} mm、1.54×10^{-5} mm 和 1.49×10^{-5} mm。由此可知，随着坯料初始温度的增加，凸模的最大磨损深度逐渐减小。这是因为凸模的磨损量由两方面因素造成：①模具温度升高，其材料软化，磨损加重（见图 2.39），使得模具磨损量增加；②坯料初始温度增加，使得被挤压金属软化，其变形抗力减小，使得模具载荷降低（图 2.39），同时使得模具磨损量减小。综合考虑以上两个因素，模具温度升高幅度较小，仅为 3.25%，而模具最大载荷减小明显，为 20.45%。后者对模具的磨损影响较大，因此适当提高坯料初始温度对于提高凸模寿命有益，如前面所得结论，最佳坯料初始温度为 850℃ 左右。

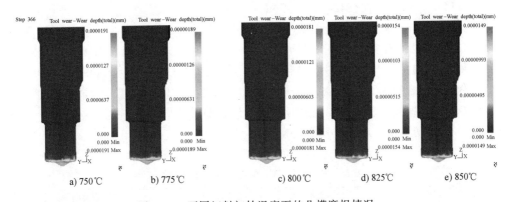

图 2.39 不同坯料初始温度下的凸模磨损情况

2. 凸模速度对模具磨损的影响

本节分析不同凸模速度下的反挤压过程，模拟条件见表 2.3。

成形速度对模具磨损的影响规律见表 2.4，由"表面最高温度"一栏可知：随着凸模速度的增加，模具表面的最高温度是逐渐减小的，并且减小的幅度越来越小。这是因为凸模速度的增加使得坯料的成形速度加快，坯料与凸模的接触时间缩短，从而使得坯料向凸模上传递的热量减少，凸模温度降低。

表 2.3　不同凸模速度下的反挤压模拟条件

材料		摩擦系数	初始温度/℃	成形速度/(mm/s)
坯料	40Cr	0.2	825	5、10、15、20、30
模具	H13		250	

表 2.4　成形速度对模具磨损的影响

凸模所受影响	成形速度/(mm/s)				
	5	10	15	20	30
表面最高温度/℃	444	409	389	381	372
最大载荷/MN	1.39	1.40	1.45	1.48	1.50
最大磨损深度/$\times 10^{-5}$ mm	1.61	1.54	1.64	1.74	1.93

由表 2.4 中"最大载荷"一栏可知：随着凸模速度的增加，凸模最大载荷是增加的。这是因为凸模速度的增加会带来材料的硬化加强，即坯料的变形抗力增加，从而加大了凸模的最大载荷。

由表 2.4 中"最大磨损深度"一栏可知：凸模速度由 5mm/s 上升到 10mm/s 时最大磨损深度是降低的；而 10mm/s 到 30mm/s 的过程凸模最大磨损深度是增加的。这是由于凸模的磨损量由两方面因素造成：

1) 模具温度降低，减缓了其材料软化，使得磨损量减小（见表 2.4 中"表面最高温度"一栏），使得模具磨损量减小。

2) 凸模速度增加，加大了坯料的变形抗力，模具最大载荷增加（见表 2.4 中"最大载荷"一栏），使得模具磨损量增加。

综合考虑以上两个因素，在凸模速度由 5mm/s 到 10mm/s 时，模具温度降幅较大，为 7.9%；而模具最大载荷升高量很小，仅为 0.72%。前者对模具的磨损影响较大，因此在该阶段模具最大磨损量是降低的；而在 10mm/s 到 30mm/s 的过程中，第二个因素对模具的磨损影响较大，所以该阶段模具最大磨损量是升高的。由此可得当凸模速度为 10mm/s 左右时，模具最大磨损量最小。

3. 凸模初始温度对模具磨损的影响

本节分析不同凸模初始温度下的反挤压过程，模拟条件见表 2.5。

表 2.5　不同凸模初始温度下的反挤压模拟条件

材料		摩擦系数	成形速度/(mm/s)	初始温度/℃
坯料	40Cr	0.2	10	825
模具	H13			150、200、250、300、350、400

凸模初始温度对模具磨损影响规律见表 2.6，由表中"表面最高温度"一栏可

知：经反挤压后凸模温度上升温度分别为187℃、176℃、159℃、143℃、128℃和113℃。由此可知随着凸模初始温度的增加，终锻时凸模的温度增加量在逐渐减少，这是因为在其他条件不变的情况下，凸模初始温度的增加使得模具与坯料的温差减小，通过坯料传热到模具上的热量也随之减少。

表2.6　凸模初始温度对模具磨损影响

凸模所受影响	凸模初始温度/℃					
	150	200	250	300	350	400
表面最高温度/℃	337	376	409	443	478	513
最大载荷/MN	1.50	1.51	1.48	1.47	1.48	1.47
最大磨损深度/$\times 10^{-5}$mm	1.79	1.72	1.54	1.66	1.69	1.77

由表2.6中"最大载荷"一栏可知：凸模载荷所受凸模初始温度的影响很小。这是因为凸模初始温度的变化，既没有改变模具的受力情况，也没有改变成形工件的材料属性和力学性能。

由表2.6中"最大磨损深度"一栏可知：凸模初始温度由150℃变为250℃时模具最大磨损量是减小的，而由250℃到400℃时模具最大磨损量是增大的。这是因为模具初始温度较低时，模具比较容易发生脆性断裂失效；随着模具初始温度增加，使得模具表面生成一层氧化膜，进而阻止模具表面与坯料金属的大面积接触，使得模具最大磨损深度减小；当模具初始温度由250℃上升到400℃的过程中，模具表面慢慢软化，同时氧化膜的效果弱化，加上挤压的进行使得模具磨损加剧。

综上分析可知，模具的最佳初始温度是在250℃左右。

4．摩擦系数对模具磨损的影响

本节分析不同摩擦系数下的反挤压过程，模拟条件见表2.7。

表2.7　不同摩擦系数下的反挤压模拟条件

材料		初始温度/℃	成形速度/（mm/s）	摩擦系数
坯料	40Cr	825	10	0.1、0.2、0.3、0.4、0.5、0.6
模具	H13	250		

由表2.8中"表面最高温度"一栏可知：随着摩擦系数的增加，凸模表面的最高温度逐渐增加，原因是：摩擦系数变大，坯料反挤压时流动难度上升，模具和坯料的摩擦加剧，其产生的热使得模具表面温度升高。

表2.8　摩擦系数对模具磨损的影响

凸模所受影响	摩擦系数					
	0.1	0.2	0.3	0.4	0.5	0.6
表面最高温度/℃	405	409	418	443	424	444
最大载荷/MN	1.37	1.48	1.54	1.70	1.78	1.90
最大磨损深度/$\times 10^{-5}$mm	1.51	1.54	1.66	1.70	1.78	1.90

由表2.8中"最大载荷"一栏可知：凸模最大载荷是随着摩擦系数的增大而

增大的。这是因为，随着摩擦系数的增大，与模具接触部分的金属流动性能降低，加大了变形抗力，从而导致了凸模载荷的增加。

由表2.8中"最大磨损深度"一栏可知：随着摩擦系数的增加，凸模最大磨损深度也是增加的。这是由于凸模的磨损量由两方面因素造成：

1）摩擦系数的增加使得模具表面最高温度上升（见表2.8中"表面最高温度"一栏），高的表面温度使得模具材料软化，加剧磨损。

2）摩擦系数的增加，加大了坯料的变形抗力，模具最大载荷增加（见表2.8中"最大载荷"一栏），使得模具磨损量增加。

综合考虑以上两个因素，凸模最大磨损深度随着摩擦系数的增加而增加，因此要提高模具寿命，使模具磨损量减小，就应该尽量减小凸模表面粗糙度，并且应在温锻过程中使用较好的润滑剂，达到尽量减小坯料和模具之间摩擦系数的目的。

2.7 冷精整工艺及基于产品流线的工艺分析

1. 冷精整挤压模型的建立

在 UG 中建立凹模、凸模以及冷精整前坯料的三维模型。由于长轴三柱槽壳呈轴对称分布，为了方便计算，可取整体模型的一半，同样可以达到整体运算的效果，并以 STL 格式导出。将建立好的模型导入 DEFORM-3D 的前处理中，模型如图2.40 所示。

毛坯材料为40Cr，温度为20℃，划分网格数为32000。模具材料为H13 模具钢，由于在挤压变形过程中模具变形量很小，所以将模具设置为刚性体。

2. 冷精整工艺的设计

冷精整变形程度用断面收缩率 φ 来衡量：

$$\varphi = \frac{A_0 - A_1}{A_0} \times 100\% \qquad (2.18)$$

式中，A_0 为冷精整前坯料横截面积；A_1 为冷精整后零件横截面积。

在冷精整工序中，变形程度的设计是关键。为了提高锻件内腔尺寸精度和表面质量，需要达到一定的变形程度，使锻件材料在成形压力作用下紧紧包覆住冲头，沿抛光的冲头表面能够滑动足够的距离，如图 2.41 所示。通过这种变形方式，锻件内腔尺寸精度和表面粗糙度接近冲头的效果。但变形程度也不可过大，如变形程度超过

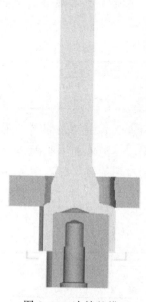

图 2.40 冷精整模型

许用变形程度，锻件的底部将出现裂纹，甚至断裂。另外，如果冷精整变形程度小于金属再结晶的临界变形程度，锻件在随后的渗碳热处理中会产生异常的局部粗晶现象，将对产品的强度带来极为不利的影响。

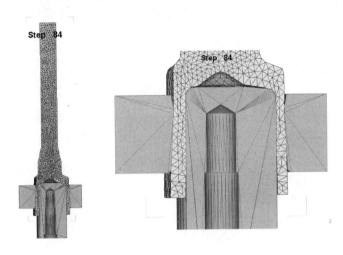

图2.41　冷精整成形模拟图

因此，冷精整变形程度的设计必须满足以下原则：

1）变形程度必须足够大，使锻件在冷精整压力作用下沿模具流动足够长的距离。

2）精整应力所导致的模具弹性变形要控制在比产品精度小一个数量级，以免影响到锻件精度。

3）变形需要避开金属再结晶临界变形程度范围，这个范围一般为2%～10%。在实际生产中，冷精整的变形程度设计为15%～25%。经计算本零件冷精整工序的变形程度为19.8%，满足条件。

2.8　正交优化

正交试验法是用正交表对试验进行整体设计、统计分析、综合对比，利用较少次数的试验，实现得出较好生产条件的方法。正交表能通过选择代表性较高的试验，保证了各试验因素变化范围内抽样的均衡性，同时也达到了全面试验才能实现的某些预定要求。

2.8.1　正交优化设计的优点及步骤

对单因素和二因素进行试验，其试验的设计、开展和结果分析都较为简单。但对于3因素或3因素以上，进行全面试验将会有大量的试验组数，费时费力，因此需要进行正交试验。正交试验的优点有：

1）试验组数较少，能快速得到结果，并且经济实用。

2）所选因素水平组合具有代表性，每个因素均衡考虑。

3）每个因素水平出现次数相同，消除部分试验误差的干扰。

4）易于分析出最主要的影响因素。

正交表是一系列已制作好并经过证明的规范化表格，例如 $L_9(3^4)$ 正交表，它可以完成4因素3水平的正交试验。其中，L 为正交表，9表示试验方案的次数，3表示因素的水平数目，4表示因素的数目。对于4因素3水平的情况，若进行全面试验，需进行 $3^4 = 81$ 次试验，而通过正交试验设计，仅需通过9次有代表性的试验即可对全面因素的影响进行考察，大大减少了试验次数，提高了科研效率。

正交试验的一般步骤：

1）明确试验目的，选择考核指标。

2）挑选试验因素，确定各因素水平。

3）选择合适的正交表。

4）进行表头设计。

5）确立试验方案。

6）分析试验结果。

2.8.2 冷精整工艺参数正交优化分析

1. 正交试验设计及其试验结果

冷精整是长轴三柱槽壳中比较重要的挤压工艺。经过 DEFORM-3D 模拟发现，合理的挤压参数对长轴三柱槽壳的表面质量起到至关重要的作用，如果选用参数不对将很难挤压出合格的产品。各种因素在产品生产过程中交互影响，其中对零件成形的表面质量有影响的参数主要有：凹模入模半角 α（见图2.42）、挤压速度 v 和摩擦系数。

根据各影响因素的实际生产情况，表2.9为试验因素和试验水平 $L_9(3^3)$。正交表的设计见表 2.10。试验以模拟的方式通过使用 DEFORM 软件进行。模型如图2.42所示，选取整体模型的一半来运算。

对于所研究的3因素，按照正交表对应位置确定9组试验的参数值，而其他工艺参数，如凸凹模间隙、材料参数、出模半角 β（见图2.42）等则保持不变。依照设计通过9组模拟试验之后，可得出表2.10所列的9组试验结果。

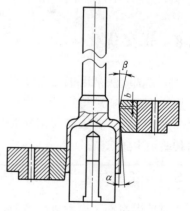

图 2.42 冷精整凹模的模具结构图

表 2.9 试验因素和试验水平

因素水平	A	B	C
	凹模入模半角 α/(°)	挤压速度 v/(mm/s)	摩擦系数
1	3	5	0.1
2	6	10	0.2
3	12	20	0.3

表 2.10 正交试验方案及结果

试验号	试验因素			试验结果
	A	B	C	凸模最大载荷/×10⁴N
1	A_1	B_1	C_1	27.4
2	A_1	B_2	C_2	47.5
3	A_1	B_3	C_3	66.3
4	A_2	B_1	C_2	23.7
5	A_2	B_2	C_3	30.6
6	A_2	B_3	C_1	20.5
7	A_3	B_1	C_3	29.8
8	A_3	B_2	C_1	25.9
9	A_3	B_3	C_2	30.4
K_1	47.1	80.9	73.8	K_{ij}对应于各考查因子(j=A,B,C)各水平
K_2	74.8	104	101.6	(i=1,2,3)的制件凸模最大载荷之和
K_3	86.1	117.2	126.7	
k_1	45.1	27.0	24.6	k_{ij}对应于各考查因子(j=A,B,C)各水平
k_2	24.9	34.7	33.9	(i=1,2,3)的制件凹模最大载荷的平均值
k_3	28.7	39.1	42.2	
R	20.2	12.1	17.6	R_j(j=A,B,C)是各因素的k_{max}与k_{min}之差，称为极差

2. 正交试验结果极差分析

正交试验表格中极差显示，某项的极差大，则表示该因素的值在试验范围内变化时，可使试验选定测评指标数值的变化最大，即极差数值越大，试验的结果受该列因素的影响也就越大。由表 2.10 中极差数值的大小，可知道所选 3 个因素对凹模最大载荷的影响由大到小的次序依次为：A（凹模入模半角）、C（摩擦系数）、B（挤压速度）。

根据表 2.10 中各不同数值因素水平对所选指标平均值（凹模最大载荷）的影响，可以画出因素-效果趋势图，如图 2.43 所示。图 2.43 显示凹模入模半角是影响模具最大载荷的主要因素，同时凹模入模半角也是影响长轴三柱槽壳挤压成形质量的重要因素之一。从正交试验结果中可知，挤压速度越小越好。因为小的速度会使得模具所受零件反作用的冲击力更小。但考虑实际生产过程中的效率问题，挤压速度不可能太慢，模拟试验显示 5mm/s 为模具的最佳挤压速度，而实际生产应在 10mm/s 左右。随着摩擦系数的增大，模具的平均最大载荷也就越大，因此摩擦系数也是越小越好。但受制于实际生产过程中的润滑条件，以及成本问题，目前实际生产所能达到的摩擦系数在 0.1 左右。现在限定参数挤压速度为 10mm/s，摩擦系数为 0.1，重点对凹模入模半角进行研究。

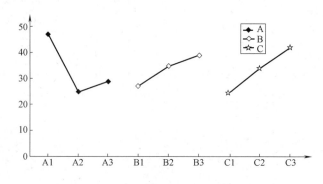

图 2.43　试验因素对凸模载荷影响的趋势图

3. 凹模入模半角的最优设计

长轴三柱槽壳冷精整过程中，凹模入模半角的选用及设计对于零件的最终成形效果作用非常大。当凹模入模半角设计较小时，在相同的变形量条件下，零件内壁和冲头以及零件外壁与凹模之间的压力都比较高，对于提升零件的表面质量起到了比较好的效果。副作用是精整成形后的零件与冲头之间会包覆很紧，造成卸料比较困难。同时，由于所设计的冲头属于分体式精整冲头，卸料力太大的情况下能将冲头中的连接螺栓拉断。但是过大的凹模入模半角将使成形力的轴向分力变大而径向分力变小，从而导致成形的零件表面质量以及成形精度变差，甚至可能因此拉裂零件的底部。

在设定挤压速度为 10mm/s、摩擦系数为 0.1 的情况下，对凹模入模半角进行寻优。预设计角度为 3°～18°。通过 DEFORM-3D 对凹模入模半角的角度进行优化模拟，结果见表 2.11。

表 2.11　优化过程

预设角度/(°)	最大载荷/×10⁴N	载荷是否稳定	卸料难易程度
3	29.6	不稳定	难
4.5	20.3	稳定	难
6	19.9	稳定	较难

(续)

预设角度/(°)	最大载荷/×10⁴N	载荷是否稳定	卸料难易程度
7.5	20.6	稳定	较难
9	22.1	基本稳定	较难
12	26.4	基本稳定	容易
15	29.2	不稳定	容易
18	3.34	不稳定	容易

由优化过程分析可知：随着凹模入模半角的增加，模具所受的最大载荷先减小再增大，载荷的稳定性也是呈不稳定→稳定→不稳定的趋势，而卸料难度则由难到易。综合考虑到模具所受最大载荷、载荷的稳定性、卸料难易以及最终成形表面质量等因素，本零件的最佳凹模入模半角选择为6°。

挤压速度为10mm/s、摩擦系数为0.1、凹模入模半角分别为3°和6°时的成形过程载荷如图2.44所示。由图2.44可知，凹模入模半角为6°时的凸模载荷明显好于凹模入模半角为3°时的情况。

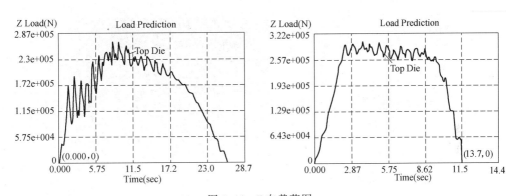

图2.44　Z向载荷图

2.9　产品流线问题

流线是体积成形零件的一个显著特点，它与零件的力学性能有着非常密切的关系。

2.9.1　金属流线的特征和要求

金属流线具有以下特征：

1）具有流线的金属材料，在力学性能上表现出各向异性，也称"非均质性"，即材料性能随方向的不同而表现出一定差异的特性。例如对于本文中生产所用材料，在垂直于流线的方向上进行弯曲时，比较容易成形，而在平行于流线的方向上弯曲时，材料则易于断裂。

2）由于材料存在各向异性，垂直于流线方向的力学性能较好，而平行于流线方向的力学性能则较差。

充分认识材料的流线特性，对于提升锻件的质量有很大的好处。具体锻件对流线的要求如下：

1）流线在锻件中的分布，应与锻件的主受力方向相垂直。

2）金属在模锻成形的塑性成形中，所形成的流线要顺畅。

3）尽可能避免流线紊乱、流线穿肋、流线外漏等不良现象的存在。

2.9.2 长轴三柱槽壳的流线问题

图2.45所示为长轴三柱槽壳温挤压后的截面流线情况。图2.45a所示的流线分析结果显示，壳体底部流线紊乱现象比较严重，甚至延伸至壳体与柄部连接处，很大程度上降低了三柱槽壳的疲劳强度，而且三柱槽壳的受力方向是垂直于壳体的方向，与图2.45b所示实体流线图的中间紊乱流线的大体方向平行，这使得壳体和柄部接合处容易断裂。

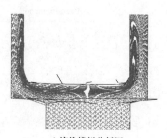

a) 流线模拟分析图   b) 实体流线图

图2.45 长轴三柱槽壳温挤后截面流线图

2.9.3 结果分析和工艺方案优化

1. 流线紊乱原因及优化工艺

三柱槽壳反挤压开始前，其柄部底端和凹模下的顶料杆相接触，以防止材料继续向下流动。反挤压开始后，凸模向下移动，凸模下端的一部分金属材料会先从中心向四周挤出，再沿着凸模的外壁向上流动填充模腔，这部分金属材料之间的摩擦力和受周围金属的反作用力比较大，所以会形成部分的流线紊乱现象。不过壳体壁上大体流线方向还是沿竖直方向，和三柱槽壳受力方向垂直。如图2.45b所示：当凸模继续下行，由于零件下端已被顶料杆顶住，材料不能继续向下移动，所以凸模下端金属材料不断被压紧，金属的脆性杂质被打碎，中心部分材料不断向四周挤出，向四周流动的材料形成了与三柱槽壳受力方向平行的金属流线，而壳体与柄部连接处的材料没有流动的地方，这部分材料只能被不断挤压，造成了比较严重的流线紊乱现象。

针对以上流线紊乱的现象，提出了如下优化工艺：

方案一：改善反挤压开始时的金属流动情况，即通过在零件柄部底端和顶料杆之间预留 20mm 间隙，使得反挤时材料继续向下流动。

方案二：在凸模下端设计凸出圆锥（称为引流凸台），使其起到引导材料向上流动的作用，以防止材料在凹模底端不断挤压而出现的大面积流线紊乱现象。

2. 工艺优化分析

对方案一进行分析，结果如图 2.46a 所示。结果显示金属的流线紊乱面积扩大，并且流线紊乱区域下移。为了保证反挤压能够顺利进行，零件柄部下端和顶料杆间距不能太大，否则材料都向下流动而反挤向上流动减少，所以通过在柄部底端和顶料杆间预留 20mm 只会加剧流线紊乱。方案二的分析结果如图 2.46b 所示。结果显示引流凸台如设计预期效果一样，对材料起到了很好的引流作用，使得流线紊乱现象主要集中在凸模圆锥部分，减少了流线紊乱区域，也打断了金属流线方向与三柱槽壳受力方向平行的现象，使得零件可以承受更大的扭矩，增加了零件的疲劳寿命。图 2.46c 是产品实际断面图，和数值分析结果完全一致。

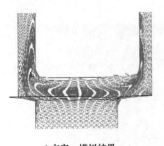 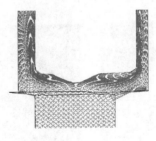 

a) 方案一模拟结果　　　　　　b) 方案二模拟结果　　　　　　c) 产品实际断面图

图 2.46　改进方案后截面流线图

2.10　产品生产验证

长轴三柱槽壳生产试验在江苏某公司进行，最重要的生产设备为液压机。图 2.47 所示为温锻所需液压机，图 2.48 所示为温锻反挤压凸模。图 2.49 所示为冷锻、温锻前后所需前处理及后处理的设备。坯料通过下料机切割钢棒实现，如图 2.49a 所示，这种高速圆盘锯切断坯料的长度公差可控制在 0.05mm 以内；坯料的抛丸工序在抛丸机上进行，如图 2.49b 所示，抛丸机中尖角砂（平均颗粒直径为 0.7mm，热处理硬度为 63~65HRC）和球形钢丸（平均颗粒直径为 0.6mm，热处理硬度约为 45HRC）的混合比例为 50%，抛丸时间为半小时左右；坯料进行石墨涂层处理，如图 2.49c 所示，涂层处理时，坯料加热到 200℃ 左右；坯料进行中频感应加热，如图 2.49d 所示；零件的磷化皂化处理在相关自动生产线上进行，如图 2.49e 所示；工件温锻后的退火处理，如图 2.49f 所示。

图 2.47　液压机

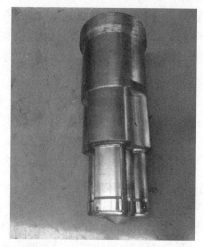

图 2.48　反挤压凸模

a) 下料机

b) 抛丸

c) 石墨涂层

d) 中频感应加热

图 2.49　锻压的前处理及后处理

e) 磷化皂化自动生产线

f) 退火炉

图 2.49　锻压的前处理及后处理（续）

2.10.1　温冷复合锻造生产过程

长轴三柱槽壳的温挤压成形如图 2.50 所示。图 2.50a 所示为温锻正挤压的设备，图 2.50b 所示为温锻镦粗的设备，图 2.50c 所示为温锻反挤压的设备。由于在温锻的三个工序中，反挤压模具在生产过程中最易受到磨损，所以根据前述结论，

a) 正挤

b) 镦粗

c) 反挤

图 2.50　温挤压成形过程

设置中频加热后的坯料初始温度为 850℃，反挤压凸模速度为 10mm/s，反挤压凸模初始温度为 250℃，摩擦系数为 0.2。

长轴三柱槽壳的冷挤压成形如图 2.51 所示。图 2.51a 所示为冷挤压成形减径生产过程；图 2.51b 所示为冷挤压成形冷精整生产过程。由于冷精整凹模入模半角对于零件最终成形质量非常重要，根据前述结论冷精整凹模入模半角设计为 6°。

a) 减径   b) 冷精整

图 2.51　冷挤压成形过程

2.10.2　生产试验结果分析及质量保证

1. 生产试验结果分析

经实际生产验证，采用温冷复合挤压工艺生产出来的长轴三柱槽壳完全满足零件的设计要求，锻件外观质量好，精度达到了 IT8 级，几何公差、尺寸公差都达到了要求，并且相比传统机械切削加工，材料利用率大幅提高，节省成本，创造了较好的经济效益。图 2.52 为长轴三柱槽壳成品图。

图 2.52　长轴三柱槽壳成品图

2. 产品质量保证

三坐标测量机（Coordinate Measuring Machine，CMM）是一种精密测量仪器，如图 2.53 所示。CMM 的主要优点：精度可达 0.001~0.01mm、使用灵活、测量功能完善、测试范围广，是高精度测量自由曲面的主要方法。对长轴三柱槽壳精锻件的质量检测报告如图 2.54 所示。

其步骤如下：三坐标测量仪按照图样完成了长轴三柱槽壳精锻件 12 处关键尺寸的测量程序，并在计算机上生成测量报告。根据测量报告中"趋势"可以判断测量是否有超差的情况发生。如果有，该超差数值将用红色字体显示。由此可知，报告中的所有测量尺寸全部合格。

三坐标测量仪只能检测锻件外形和尺寸，其内部缺陷需要数字超声探伤仪来检测。工件只有经过探伤仪探伤后，确保锻件内部不存在裂纹，才能进行下一步加工，有缺陷的产品进行报废处理。图 2.55 所示为数字超声探伤仪。图 2.56 所示为探伤结果，其中图 2.56a 为合格探伤结果，探伤仪界面上以红色竖线为界，左边无杂波，且右边波纹比较规律；而图 2.56b 不合格探伤结果中探伤仪界面的红竖线左边杂波较多，该被检测的零件应定为废品。

图 2.53　三坐标测量机

TDIAM1　计算元素 = CIR1　MCS/MM/ANGDMS					
	理论	实际	误差	上偏差	下偏差	趋势
外径 B	84.0000	84.0422	0.0422	0.3000	−0.3000	----|++++

TDIAM2　计算元素 = CIR2　MCS/MM/ANGDMS					
	理论	实际	误差	上偏差	下偏差	趋势
内径	73.1000	73.3876	0.2876	0.4000	0.0000	----++|++

TDIAM3　计算元素 = CIR3　MCS/MM/ANGDMS					
	理论	实际	误差	上偏差	下偏差	趋势
内圆柱面 A	46.5000	46.8668	0.3668	0.5000	0.1000	----++|++

TDIAM4　计算元素 = CIR4　MCS/MM/ANGDMS					
	理论	实际	误差	上偏差	下偏差	趋势
1沟道	35.4500	35.4771	0.0271	0.0500	−0.0500	----++|++

TDIAM5　计算元素 = CIR5　MCS/MM/ANGDMS					
	理论	实际	误差	上偏差	下偏差	趋势
2沟道	35.4500	35.4724	0.0224	0.0500	−0.0500	----+|+++

TDIAM6　计算元素 = CIR6　MCS/MM/ANGDMS					
	理论	实际	误差	上偏差	下偏差	趋势
3沟道	35.4500	35.4813	0.0313	0.0500	−0.0500	----++|++

TDIAM8　计算元素 = BFCI1　MCS/MM/ANGDMS					
	理论	实际	误差	上偏差	下偏差	趋势
中心圆 C	47.6000	47.5870	−0.0130	0.1000	−0.1000	----|++++

TCONCEN1　计算元素 = CIR1　MCS/MM/ANGDMS				
	理论	实际	误差	公差区	趋势
AB 同心度	0.0000	0.3194	0.3194	0.5000	----++|++

TCONCEN2　计算元素 = BFCI1　MCS/MM/ANGDMS				
	理论	实际	误差	公差区	趋势
AC 同心度	0.0000	0.0164	0.0164	0.1000	----|++++

TANGLB1　计算元素 = BFLN1 + BFLN2　MCS/MM/ANGDMS					
	理论	实际	误差	上偏差	下偏差	趋势
1 2角度	119:59:40.02	119:59:40.02	0:00:00.00	0:10:00.00	−0:10:00.00	----|++++

TANGLB2　计算元素 = BFLN1 + BFLN3　MCS/MM/ANGDMS					
	理论	实际	误差	上偏差	下偏差	趋势
1 3角度	119:58:58.50	119:58:58.50	0:00:00.00	0:10:00.00	−0:10:00.00	----|++++

TANGLB3　计算元素 = BFLN2 + BFLN3　MCS/MM/ANGDMS					
	理论	实际	误差	上偏差	下偏差	趋势
2 3角度	120:01:21.48	120:01:21.48	−0:00:00.00	0:10:00.00	−0:10:00.00	----|++++

图 2.54　长轴三柱槽壳测量报告

图 2.55 数字超声探伤仪

a) 合格探伤结果

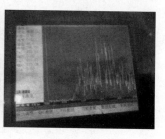

b) 不合格探伤结果

图 2.56 探伤结果

2.11 参考文献

[1] 于浩. 柱槽壳锻造工艺及成形参数优化设计 [D]. 江苏：江苏大学, 2016.

[2] Marcal P, King I P. Elastic-Plastic analysis of two-dimension stress system by the finite element method [J]. International Journal of Mechanical Sciences, 1967, 9：143-155.

[3] Lee C H, Kobayashi S. New solution of rigid plastic deformation problems using a matrix method [J]. Trans. ASME. J. Engineering, 1973, 95：865-873.

[4] 刘建生, 陈慧琴, 郭晓霞. 金属塑性加工有限元数值模拟技术与应用 [M]. 北京：冶金工业出版社, 2003.

[5] Geun-An Lee, Yong-Taek Im. Finite-element investigation of the wear and elastic deformation of dies in metal forming [J]. Journal of Materials Processing Technology, 1999, 89-90：123-127.

第3章

汽车P档棘轮外齿冷挤压成形技术

3.1　P档棘轮简介

P档棘轮是自动档汽车传动系统的重要组成部分，如图3.1所示。内花键与变速器输出轴连接。行车过程中，棘轮随着变速器输出轴一起转动。当车辆长时间停放时，司机将档位挂入P档，棘爪进入棘轮两齿之间的凹槽处，通过棘轮棘爪的配合将变速器输出轴锁止，解决了机械手刹金属拉线长时间承受较大载荷而变形、断裂的问题，避免了手刹失效带来的危险。

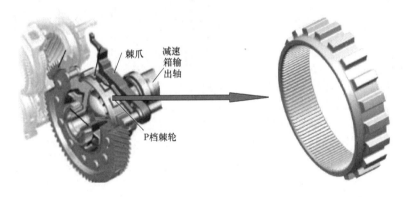

棘爪

减速箱输出轴

P档棘轮

图 3.1　P档棘轮及装配位置

P档棘轮目前主要采用冷挤压成形。冷挤压技术是一种少切削或无切削的压力加工技术，是金属塑性成形中应用最广泛的一种新技术。其具体做法是将坯料的表面做适当的润滑处理，然后在常温状态下将坯料放入模具型腔中，在一定的压力作用下，迫使金属按一定的流动规律从模具型腔中流出，最终形成具有所需的形状、尺寸并且具有一定力学性能的挤压件[1]。图3.2所示为常见的冷挤压件。

图 3.2　常见的冷挤压件

3.2　P档棘轮设计

图 3.3 为 P 档棘轮的零件图。P 档棘轮的外齿是不规则的，主要技术参数要求如下：齿数为 20，外齿大径为 $146_{-0.1}^{0}$mm，小径为 $133_{-0.05}^{+0.02}$mm，齿顶部分宽大而平滑，齿厚为 $8.5_{-0.02}^{0}$mm，齿高为 6.5mm，齿宽为 26 ± 0.05mm，齿两侧面之间夹角为 $15°\pm14'$，齿面粗糙度要求 $Ra2.5\mu m$，外齿一端有 10mm 的外圆表面。内齿为渐开线花键，模数为 1，压力角为 $300°$，齿数为 120，小径为 $119_{-0.02}^{0}$mm，大径为 $121.5_{0}^{+0.015}$mm。棘轮壁厚较小，尺寸精度、形状精度、位置精度要求高，材料为 20CrMnTi。

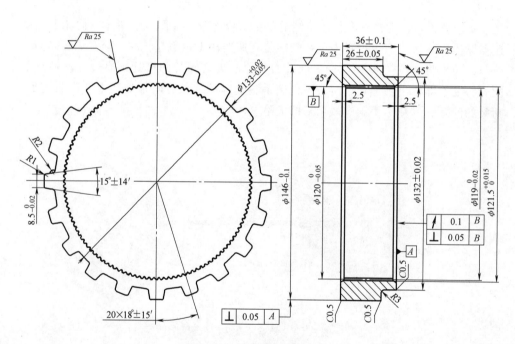

图 3.3　P 档棘轮的零件图

齿形件塑性成形方法主要有：热锻、温锻和冷锻。其中冷锻又分为正挤压、反挤压和复合挤压等成形工艺。

3.3　P档棘轮工艺分析及模具结构

3.3.1　P档棘轮成形工艺对比

方案一：温冷复合挤压（1）

本方案工艺流程[1]具体为：锯床下料→棒料两端面车倒角、抛丸、加热到（200±20）℃、表面喷涂石墨、中频加热到（800±25）℃→锻粗→反挤外齿→网带炉控温冷却到（640±25）℃、空冷→锯床去底部预料、抛丸、磷化皂化→冷精整外齿→冷挤内齿→去应力退火、机加工、渗碳。

本工艺充分利用了温挤压、冷挤压工艺的优点。针对外齿成形工艺，采用温镦粗、反挤外齿工艺，该温度高于钢的再结晶温度（750℃），材料变形能得到释放，变形抗力急剧减小，金属流动更加容易，凸模成形载荷减小，模具寿命长。但是温挤压过程中，锻件表面会有少量的氧化皮，表面质量很难达到产品设计要求，材料利用率低，热处理过程零件变形量大，因此后续要冷精整外齿，提高外齿表面质量。此外，温挤压过程中，材料需要多次加热，热处理要求高，磷化皂化及喷涂石墨对环境污染大，工人劳动强度高，劳动量大。

方案二：温冷复合挤压（2）

工艺流程具体为：下料→加热到（200±20）℃表面喷涂石墨、中频加热到（1050±25）℃、镦粗、冲孔→碾环→制坯、抛丸→表面喷涂石墨、中频加热到（800±25）℃→温挤内外齿→网带炉控温冷却到600℃、空冷→制坯、抛丸、磷化皂化→冷精整内外齿→去应力退火、机加工、渗碳。

方案二相对于方案一的不同点如下：在1020℃左右的温度下，将毛坯成形成环状，然后再对环形坯料进行前处理，加热到800℃左右一次温挤成形内外齿（见图3.4），然后再冷精整内外齿。该方案的优点在于充分考虑了零件的结构特点：棘轮外齿上下不对称，有一端有10mm没有齿。方案一反挤出整个外齿，后续要用车床车掉多余的材料；方案二材料利用率相对较高，机械加工效率高，模具寿命长。但是方案二还是没有摆脱方案一的缺点，后续还要对内外齿面进行冷精整来提高齿面质量和形状、位置精度以及进行复杂的热处理。此外，在一次温挤成形外齿过程中，虽然工序相对较少，成形效率高，但是一次成形内外齿时，外齿齿高、齿厚较大，金属变形量大，角隅处金属流动困难而很难填满，凸模载荷大，凸模齿顶

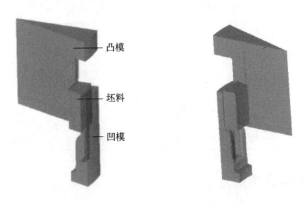

图3.4　内外齿一次冷挤成形示意图

处应力应变大，模具失效快，寿命短。

方案三：冷挤压

工艺流程具体为：下料→加热到（200±20）℃表面喷涂石墨、加热到（1050±20）℃、镦粗、冲孔→碾环→球化退火→制坯、抛丸、磷化皂化→表面涂动物油脂后冷挤外齿→低温退火→制坯、抛丸、磷化皂化→冷挤内齿→机加工、渗碳。

方案三对 P 档棘轮外齿全部采用冷挤压工艺。冷挤压工艺是金属塑性成形中最先进的加工方法，冷挤压内外齿过程中，虽然材料变形抗力大，模具寿命比温挤压模具寿命短，但是具有如下优点：①显著提高材料利用率，冷挤压后的棘轮内外齿表面无氧化现象，表面质量高，省去了后续的表面冷精整工序。②冷挤压劳动生产率高，对工人的要求低，操作简单，易于掌握。③冷挤压在常温下进行，不需要对材料进行太多的加热，能耗少，污染小，工人工作环境好。④金属在冷态作用下塑性变形会产生加工硬化现象，提高零件的综合性能。⑤冷挤压可选设备多，大大减小了设备投入和后续的工作量。

除此之外，在所有冷挤压方法中，P 档棘轮外齿采用正挤压，充填效果好，模具寿命最高，成形载荷小，只要相关影响参数控制合理，外齿在合适吨位的压力机上就可以冷挤成形。表 3.1 是几种挤压成形方式的比较。因为外齿齿宽和齿全高都比较大，冷挤过程中，会在零件下端面出现塌角，初始成形的齿会有凹陷现象，具体如图 3.5 所示，但是由于零件外齿上下的不对称性，外齿一端要车削掉 10mm 的齿高，该过程可以去除上道工序留下的塌角缺陷。

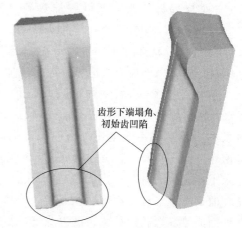

齿形下端塌角、初始齿凹陷

图 3.5　冷挤外齿后下端塌角和初始齿凹陷

表 3.1　几种挤压成形方式的比较

成形方法	充填效果	材料利用率	模具寿命	综合成本
正挤压	好	较高	很高	最低
径向挤压	好	很高	很低	较高
分流径向挤压	一般	一般	较低	比径向挤压成本低
热成形-冷精整	一般	较低	较高	工艺复杂,成本较高
浮动凹模闭式模锻	一般	较低	很低	成本高,后续还要机加工

3.3.2　工艺路线方案的选择

综合考虑工艺适应性、模具寿命、成形质量和成本进行 P 档棘轮工艺选择。

在以上三种方案中，方案一工序少，模具寿命长，生产效率低，适合原材料含碳量高、冷态下变形困难和齿面质量要求不高的产品。方案二一次冷挤成形内外齿，材料利用率高，工序少，但是内外齿角隅处金属填充困难，需要大吨位锻压设备，能耗大，模具寿命短，因此方案二适合模数小、齿数少的齿形件生产工艺。方案三采用轴向冷挤压，金属流线理想，并且会产生加工硬化现象，无需对工件进行加热，能源消耗少，无氧化现象，齿形表面质量好，但是常温状态材料变形时，变形抗力大，相比于方案一和方案二，模具寿命短，因此方案三不适合中碳钢和高碳钢材料的加工。本文研究的P档棘轮材料是20CrMnTi，是含碳量（质量分数）为0.17%~0.24%的低碳钢（化学成分见表3.2），试验测得其力学性能见表3.3，再结合冷、温挤压的技术经济性比较（见表3.4），最终选择方案三作为汽车P档棘轮成形生产工艺。

表3.2　20CrMnTi的化学成分（质量分数，%）

碳 C	硅 Si	锰 Mn	铬 Cr	硫 S	磷 P	镍 Ni	铜 Cu	钛 Ti
0.17~0.23	0.17~0.37	0.80~1.10	1.10~1.30	≤0.035	≤0.035	≤0.030	≤0.030	0.04~0.10

表3.3　20CrMnTi的力学性能

抗拉强度 R_m/MPa	屈服强度 R_{eL}/MPa	伸长率 A（%）	断面收缩率 Z（%）	吸收能量 K/J
≥1080	≥835	≥10	≥45	≥55

冲击韧度 α_K/(J/cm²)	硬度 HBW	弹性模量/GPa	泊松比	
≥69	≤217	207	0.25	

表3.4　冷、温挤压的技术经济性比较

项目	变形方法	
	冷挤压	温挤压
变形温度范围/℃	室温	200~900
产品精度/mm	±(0.03~0.25)	±(0.05~0.25)
工件组织	晶粒细化	
工件表面质量	无氧化、脱碳	少量氧化、脱碳
工序数量	多	比冷挤压少
能量消耗	少	多
劳动条件	好，易于组织连续生产	好，难于组织连续生产

正挤压齿形件，优点很多，但也有很多挑战，尤其是正挤压类似P档棘轮外齿的齿形件。在冷挤P档棘轮外齿的过程中，下端面塌角、上端面缩孔比较严重，材料利用率低。此外，金属流动困难，齿顶角隅部分常出现缺料现象及载荷过大问题。因此，需要研究P档棘轮外齿正向冷挤压成形工艺和模具结构。

3.3.3　模具结构设计

冷挤压齿形件是将模具安装在压力机上，依靠凸模的往复运动，使金属在模具型腔内发生塑性变形，形成所需的形状、尺寸及具有一定性能的冷挤压件。在成形过程中，凹模在往复载荷下发生弹性压缩与回复，产生交变应力。根据凹模内壁及侧向压力的大小，确定凹模的类型。当冷挤压的单位挤压力较小时，采用整体式凹模；当冷挤压的单位挤压力较大时，根据压力的大小选择不同的组合凹模。表 3.5为凹模类型的选择标准[2]。

表 3.5　凹模类型的选择标准

单位挤压力 $P_凹$/MPa	凹模类型	简　　图
$P_凹 \leqslant 1100$	整体凹模	
$1100 < P_凹 \leqslant 1400$	二层组合凹模	
$1400 < P_凹 \leqslant 2500$	三层组合凹模	

综合考虑如下因素：

1）考虑设备成形力和安全性，冷挤 P 档棘轮外齿时，凹模单位挤压力超过 1300MPa。

2）凹模内腔直径大，如果选择两层组合凹模，为了保证相同的模具强度，就要选择较大的总直径比，这样会导致凹模外径太大，增大整体模具体积（见图 3.6）。

3）凹模模具形状复杂，加工成本高，为了保证后期产品量产时模具寿命更长。

这里选择三层组合凹模结构，优点如下：

1）降低凹模内壁拉应力，模具强度高，避免了模具内表面容易产生横向裂纹的倾向，模具寿命大大提高，三层组合凹模强度是整体凹模强度的 1.8 倍。

2）减少优质模具钢的用量，应力圈可以用材质差的模具钢或者中碳钢等材料做成，减少模具开发费用。

3）三层组合凹模的结构尺寸小，热处理变形小，挤压件精度高。

4）当模具损坏时，仅仅需要更换内凹模，其他零件可以重复使用，维护成本低。

图 3.7 为 P 档棘轮外齿冷挤压坯料、凹模示意图，在冷挤外齿工艺中，采用环形毛坯，凸模下端圆柱体直径与环状坯料内径大小相等，凸模上端圆柱体直径比凹模凹槽直径小 0.4~0.8mm。图 3.8 为 P 档棘轮外齿成形示意图。当凸模向下运动

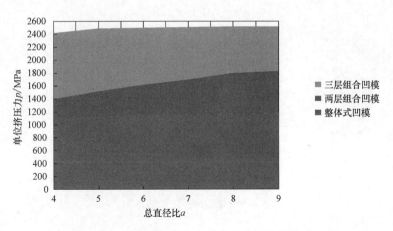

图 3.6　凹模许用单位应力与总直径比的关系

时，凸模下端圆柱体先进入坯料内径，防止冷挤压过程中材料沿着径向流动；当凸模阶梯部分端面接触坯料上端面时，带着坯料往下流动，经过凹模工作带，然后流出，最终冷挤成形外齿。

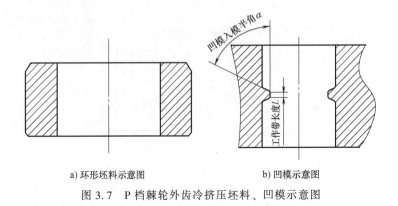

a) 环形坯料示意图　　　　　　　b) 凹模示意图

图 3.7　P 档棘轮外齿冷挤压坯料、凹模示意图

冷挤压棘轮时，成形齿部分的材料变形量大、受力大，而靠近凸模的材料变形小、在凸模下移时材料会从凹模塑性流出，出现棘轮外边缘材料被凹模齿带到高处，形成外边缘高而内边缘低的现象，并且棘轮上端存在凹坑，如图 3.9 所示。外齿高度低于坯料与凸模接触的边缘线部分为有效齿形长度，其余部分需要后续去除，所以当外齿高度超过有效齿形长度时，取件时采用顶杆顶出最终挤压件，并非采用将坯料完全从凹模中挤出的措施。图 3.10 为模具整体结构图。

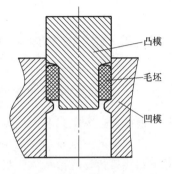

图 3.8　P 档棘轮外齿成形示意图

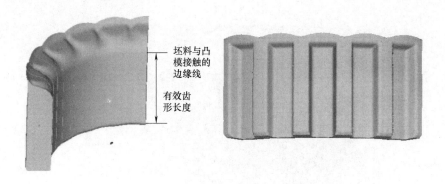

坯料与凸模接触的边缘线

有效齿形长度

图 3.9　棘轮冷挤压最终形貌

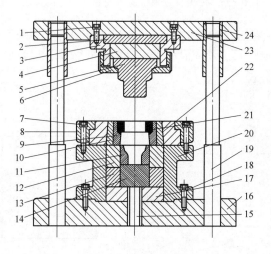

图 3.10　模具结构图

1、7、18—螺钉　2、4—凸模填块　3—固定套　5—凸模　6—固定套外圈　8—压紧圈　9—凹模
10—内应力圈　11、14—填块　12、13、17—压力块　15—顶杆　16—凹模板　19-导柱　20—模筒
21—毛坯　22—外应力圈　23—凸模板　24—导向套

3.4　P档棘轮外齿成形工艺数值模拟分析

3.4.1　有限元模型的建立

　　根据前述方案三及产品设计要求，在 UG 软件中建立了如图 3.11 所示的坯料、凸模和凹模的三维模型。为保证锻长不小于 45mm，试验选取的坯料高度为 45mm。考虑到冷挤齿形变形量大，尽可能利用对称性选取最小对称单元，从而降低计算时间，提高模拟精度。这里选取 1/2 个齿作为研究对象（整个变形截面切向的 1/40），并将三维模型的 STL 格式导入 DEFORM-3D 中，有限元模型如图 3.12 所示，

主要模拟参数设置见表3.6。此外，为减轻变形过程中的网格畸变和重划分网格造成体积减小，开启体积补偿设置[3]。

| a) 坯料 | b) 凸模 | c) 凹模 |

图 3.11 坯料、凸模、凹模的三维模型

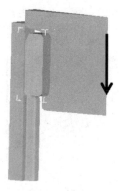

图 3.12 有限元分
析模型

表 3.6 主要模拟参数

名称	对应设置
齿数	20
模拟变形最小单元	1/40
温度设置/℃	20
挤压速度/(mm/s)	20
加载步长/mm	0.2
单元类型	四面体单元
单元格数	50000
加载步数	200

3.4.2 模拟方案及工艺参数的确定

1. 模拟方案的确定

针对 P 档棘轮外齿的特点，初步分析影响棘轮外齿冷挤压成形的因素有：坯料外径 D、凸模速度 v、凹模入模半角 α、摩擦系数 f、工作带长度 L 以及工件材料成分等。

根据实际经验判断，凸模速度 v 在小于 110mm/s 时对齿形件成形影响极小，实际生产中，压力机的工作速度一般都小于 110mm/s。此外，P 档棘轮的原材料是 20CrMnTi，成分已定，所以，这里采用正交试验研究坯料外径 D、凹模入模半角 α、摩擦系数 f、工作带长度 L 四个参数对棘轮外齿冷挤压成形的影响。

2. 工艺参数的确定

各工艺参数的确定原则：

（1）坯料外径 D 坯料外径 D 对正挤压齿形件的影响很大。当坯料外径 D 减小时，冷挤压过程中的金属变形量相对较小，凸模载荷减小，金属流动死区小，模具寿命长，但是过小的坯料外径 D 会导致齿形难以填满，降低产品合格率。因此，探究最佳的坯料外径 D 至关重要。文献［4］结合以往工作经验判断，当坯料外径 D 接近齿顶圆时，齿形充填均匀，齿形饱满。考虑到环形坯料壁厚较小、外齿齿高较高、材料变形抗力大和变形量大等因素，在正向冷挤棘轮外齿时，会出现局部镦粗现象，因此选择的坯料外径 D 分别为 144.6mm、145.6mm、146mm 和 147.4mm。

（2）凹模入模半角 α 正挤压时，凹模入模半角 α 的大小直接影响金属流动的均匀性，如图 3.13 所示。若毛坯所受的轴向力为 F，沿着入模斜面的水平分力为 F_1，垂直于入模斜面的分力为 F_2，则有

$$\begin{cases} F_1 = F\cos\alpha \\ F_2 = F = \sin\alpha \end{cases} \tag{3.1}$$

当 α 过大时，垂直于入模斜面的分力 F_2 变大，轴向力 F 也变大，会导致金属流动困难，模具磨损加剧，毛坯镦粗严重，挤压难以进行。当 α 过小时，表层金属与心部金属流速差变小，变形死角区变小，但金属流动路径变大。研究表明，正挤压齿形件选用的入模半角为 $25° \sim 70°$，这里选择入模半角为 $30°$、$45°$、$60°$ 和 $68°$。

（3）摩擦系数 f 在冷挤压过程中，坯料与模具接触面会发生剧烈摩擦。影响摩擦力的因素很多，工况复杂。当摩擦系数较小时，变形区主要集中在凹模入口处，挤压过程中，阻力小，模具表层金属流动容易，金属流动死区小，模具寿命长；当摩擦系数较大时，挤压力变大，变形会集中在整个材料中，模具表层金属流动困难，表层金属与心部金属流速差变大，会在工件心部产生裂纹，此外，金属流动死区大，会出现金属流线紊乱、折叠缺陷。为了便于模拟分析，采用简化的剪切摩擦模型和库仑摩擦模型。

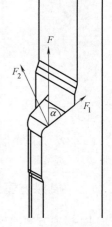

图 3.13　凹模入模半角与受力关系

由文献［5］可知，当对金属表面进行磷化皂化处理后，再涂动物油脂或油基二硫化钼后，根据润滑效果的不同，摩擦系数 f 在 $0.05 \sim 0.25$ 之间，因此试验可选摩擦系数为 0.05、0.09、0.18 和 0.25。

（4）工作带长度 L 工作带用来保证坯料被挤压成所需的形状、尺寸及表面质量。工作带过长，会增大坯料与模具的摩擦，增大挤压载荷，甚至金属会黏着在模具上，损坏挤压件表面质量；工作带太短，坯料与模具的接触面积小，摩擦力小，挤压载荷小，产品尺寸难以保证，模具局部刚度、稳定性难以保证。一般来说，工作带长度不小于 3mm，但本次试验坯料变形量大，挤压载荷大，对模具寿命不利，考虑后期修模的需要，选择工作带长度为 4mm、7mm、10mm 和 13mm。

3.4.3　正交试验设计

在模拟分析前处理窗口，除了表 3.7 中的主要模拟参数设置外，为了计算结果

更加准确，采用拉格朗日增量计算方法，定义坯料为对称边界条件，坯料网格重划分和变形时，开启体积补偿设置，保证体积不变。变形过程中，坯料与模具接触表面的接触正压力较大，所以采用剪切摩擦模型。

正交试验设计了表3.7的四因素、四水平的因素水平表（$L_{16}(4^4)$），对应的试验方案见表3.8[6]。

表3.7　四因素、四水平因素水平表

水平	坯料外径 D/mm	试验因素		
		凹模入模半角 α/(°)	摩擦系数 f	工作带长度 L/mm
1	144.6	30	0.05	4
2	145.6	45	0.09	7
3	146	60	0.18	10
4	147.4	68	0.25	13

表3.8　正交试验方案

序号	A	坯料外径 D/mm	B	凹模入模半角 α/(°)	C	摩擦系数 f	D	工作带长度 L/mm
1	1	144.6	1	30	1	0.05	1	4
2	1	144.6	2	45	2	0.09	2	7
3	1	144.6	3	60	3	0.18	3	10
4	1	144.6	4	68	4	0.25	4	13
5	2	145.6	1	30	2	0.09	3	10
6	2	145.6	2	45	1	0.05	4	13
7	2	145.6	3	60	4	0.25	1	4
8	2	145.6	4	68	3	0.18	2	7
9	3	146	1	30	3	0.18	4	13
10	3	146	2	45	4	0.25	3	10
11	3	146	3	60	1	0.05	2	7
12	3	146	4	68	2	0.09	1	4
13	4	147.4	1	30	4	0.25	2	7
14	4	147.4	2	45	3	0.18	1	4
15	4	147.4	3	60	2	0.09	4	13
16	4	147.4	4	68	1	0.05	3	10

3.4.4　正交试验结果

根据模拟分析，发现不同的工艺参数下，材料的成形载荷变化大，齿形充填饱满程度、下端面塌角长度变化明显。因此，试验以成形载荷、齿形充填饱满程度和下端面塌角长度为目标函数。此外，P档棘轮外齿冷挤压研究的主要目的是获得理想的齿形件，因此，试验也把挤压成形后零件的有效齿形长度作为目标函数。试验结果见表3.9。

表3.9 正交试验结果

序号	A	坯料外径 D/mm	B	凹模入模半角 α/(°)	C	摩擦系数 f	D	工作带长度 L/mm	成形载荷/t	齿形充填饱满程度（满分100）	下端面塌角长度/mm	有效齿形长度/mm
1	1	144.6	1	30	1	0.05	1	4	9.03	66	3.327	16.122
2	1	144.6	2	45	2	0.09	2	7	11.50	77	2.116	27.193
3	1	144.6	3	60	3	0.18	3	10	13.80	84	1.060	34.627
4	1	144.6	4	68	4	0.25	4	13	15.50	85	0.435	46.702
5	2	145.6	1	30	2	0.09	3	10	9.72	75	3.371	22.540
6	2	145.6	2	45	1	0.05	4	13	11.00	84	2.624	30.741
7	2	145.6	3	60	4	0.25	1	4	14.60	99	1.282	35.650
8	2	145.6	4	68	3	0.18	2	7	14.70	10	0.311	47.037
9	3	146	1	30	4	0.25	4	13	11.40	78	3.112	23.822
10	3	146	2	45	3	0.18	3	10	14.30	90	2.202	31.764
11	3	146	3	60	1	0.05	2	7	12.10	95	1.739	33.858
12	3	146	4	68	2	0.09	1	4	14.10	99	0.443	46.834
13	4	147.4	1	30	4	0.25	2	7	14.70	63	1.799	24.673
14	4	147.4	2	45	3	0.18	1	4	14.60	72	1.593	27.664
15	4	147.4	3	60	2	0.09	4	13	14.80	79	1.051	36.896
16	4	147.4	4	68	1	0.05	3	10	15.50	85	0.304	44.961

3.4.5 极差分析

（1）成形载荷分析 表3.10为不同因素水平下成形载荷试验指标的数据、均值和极差R。图3.14为成形载荷的主效应图。结合表3.10、图3.14，根据极差R的大小，可以看出，对成形载荷影响最大的是凹模入模半角，其次是摩擦系数，然后是坯料外径，工作带长度对成形载荷的影响很小，因此对成形载荷影响的主次因素顺序是B>C>A>D，优化水平组合为$A_1B_1C_1D_1$。

（2）齿形充填饱满程度分析 表3.11为不同因素水平下齿形充填饱满程度试验指标的数据、均值和极差R。图3.15为成形载荷的主效应图。结合表3.11、图3.15，可以看出当坯料外径逐渐变大时，齿形充填饱满程度先变好，然后变差，当坯料外径在146mm时，齿形充填最好；随着凹模入模半角的增大，齿形充填程度越来越好；摩擦系数和工作带长度对齿形充填饱满程度几乎没有影响。根据极差 R 的大小可以看出，对齿形充填饱满程度影响最大的是凹模入模半角，其次是坯料外径，然后是工作带长度，最后是摩擦系数，因此对齿形充填饱满程度影响的主次因素顺序是 B>A>D>C，优化水平组合为 $A_3B_4C_4D_1$。

表3.10　成形载荷数据分析表

因素		A　坯料外径 D/mm	B　凹模入模半角 α/(°)	C　摩擦系数 f	D　工作带长度 L/mm
成形载荷	K_1	49.83	44.85	47.63	52.33
	K_2	50.02	51.40	50.12	53.00
	K_3	51.90	55.30	54.50	53.32
	K_4	59.60	59.80	59.10	52.70
	k_1	12.46	11.21	11.91	13.08
	k_2	12.50	12.85	12.53	13.25
	k_3	12.98	13.82	13.63	13.33
	k_4	14.90	14.95	14.78	13.18
极差 R		2.44	3.64	2.87	0.25

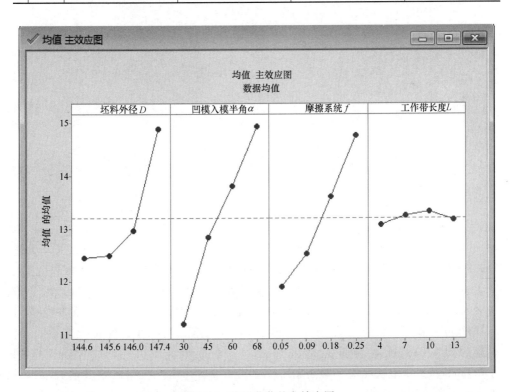

图3.14　成形载荷的主效应图

表 3.11　齿形充填饱满程度数据分析表

因素		A　坯料外径 D/mm	B　凹模入模半角 α/(°)	C　摩擦系数 f	D　工作带长度 L/mm
齿形充填饱满程度	K_1	312	282	330	336
	K_2	358	323	330	335
	K_3	362	357	334	334
	K_4	299	369	337	326
	k_1	78.00	70.50	82.50	84.00
	k_2	89.50	80.75	82.50	83.65
	k_3	90.50	89.25	83.50	83.50
	k_4	74.75	92.25	84.25	81.50
	极差 R	15.75	21.75	1.75	2.50

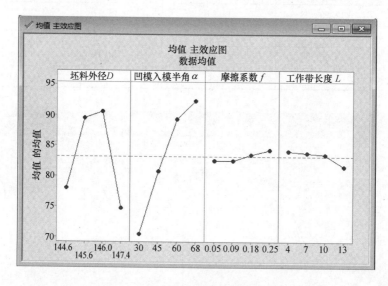

图 3.15　齿形充填饱满程度的主效应图

（3）下端面塌角长度分析　表 3.12 为不同因素水平下下端面塌角长度试验指标的数据、均值和极差 R。图 3.16 为下端面塌角长度的主效应图。结合表 3.12、图 3.16，可以看出凹模入模半角对下端面塌角长度影响最大。随着凹模入模半角的增大，下端面塌角长度逐渐减小，当凹模入模半角为 68° 时，下端面塌角仅为 0.3733mm；随着坯料外径的增大，下端面塌角先增大后减小，但是变化不明显，极差为 0.7103；随着摩擦系数的增大，下端面塌角长度从 1.9985mm 降到 1.4295mm；工作带长度对下端面塌角长度几乎没有影响。根据极差 R 的大小，对下端面塌角长度的影响的主次顺序是 B>A>C>D，优化水平组合为 $A_4B_4C_4D_2$。

表 3.12　下端面塌角长度数据分析表

因素		A　坯料外径 D/mm	B　凹模入模半角 α/(°)	C　摩擦系数 f	D　工作带长度 L/mm
下端面塌角长度	K_1	6.9380	11.6092	7.9940	6.6448
	K_2	7.5880	8.5352	6.9812	5.9652
	K_3	7.4960	5.1320	6.0760	6.9372
	K_4	4.7472	1.4932	5.7180	7.2220
	k_1	1.7345	2.9023	1.9985	1.6612
	k_2	1.8970	2.1338	1.7453	1.4913
	k_3	1.8740	1.2830	1.5190	1.7343
	k_4	1.1868	0.3733	1.4295	1.8055
	极差 R	0.7103	2.5290	0.5690	0.3143

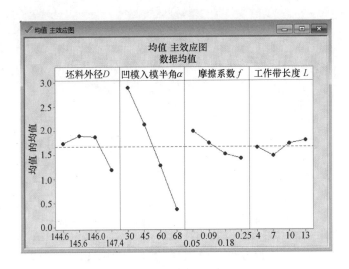

图 3.16　下端面塌角长度的主效应图

（4）有效齿形长度分析　表 3.13 为不同因素水平下有效齿形长度试验指标的数据、均值和极差 R。图 3.17 为下端面塌角长度的主效应图。结合表 3.13、图 3.17 可以看出，对有效齿形长度影响最大的是凹模入模半角。当凹模入模半角为 30°时，有效齿形长度仅为 21.79mm，远小于零件设计要求的长度，当凹模入模半角增大到 68°时，有效齿形长度增大到 46.38mm；相对于凹模入模半角，坯料外径、摩擦系数和工作带长度三个因素对有效齿形长度的影响几乎可以忽略不计。根据极差 R，对有效齿形长度影响因素的主次顺序是 B>C>D>A，优化水平组合为 $A_3B_4C_4D_4$。

表 3.13 有效齿形长度数据分析表

因素		A 坯料外径 D/mm	B 凹模入模半角 $\alpha/(°)$	C 摩擦系数 f	D 工作带长度 L/mm
有效齿形长度	K_1	124.64	87.16	125.68	126.28
	K_2	135.96	117.36	133.48	132.76
	K_3	136.28	141.04	133.16	133.88
	K_4	134.30	185.52	138.80	138.16
	k_1	31.16	21.79	31.42	31.57
	k_2	33.99	29.34	33.37	33.19
	k_3	34.07	35.26	33.29	33.47
	k_4	33.55	46.38	34.70	34.54
	极差 R	2.91	24.59	3.28	2.97

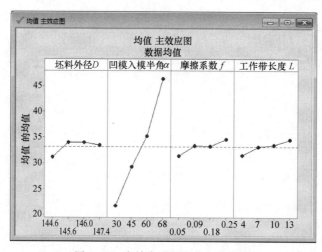

图 3.17 有效齿形长度的主效应图

3.4.6 方差分析

极差分析法简单明了，但是该方法不能将试验条件改变所引起的数据波动和试验误差所引起的数据波动区分开来。此外，极差分析法无法给出各因素水平对试验结果影响的精确估计，不能够给出标准来确定各因素水平对试验结果的影响是否显著，因此，有必要对试验数据进行方差分析。将置信水平设定为 95%，则当检验水平 $P < 0.01$ 时，表示影响极显著；当 $0.01 < P < 0.05$ 时，表示影响显著；当 $P > 0.05$ 时，表示影响不显著[6]。

（1）成形载荷方差分析 表 3.14 为成形载荷方差分析结果。可以看出，凹模入模半角、摩擦系数、坯料外径对成形载荷的影响极显著，工作带长度对成形载荷几乎没有影响。

表3.14　成形载荷方差分析

项目	自由度	AdjSS	AdjMS	F值	P值	显著性
坯料外径 D	3	15.8984	5.2995	43.87	0.006	极显著
凹模入模半角 α	3	30.1017	10.0339	83.06	0.002	极显著
摩擦系数 f	3	19.1214	0.3738	52.76	0.004	极显著
工作带长度 L	3	0.1339	0.0446	0.37	0.782	不显著
误差	3	0.3624	0.1208			
合计	15	65.6179				

（2）齿形充填饱满程度方差分析　表3.15为齿形充填饱满程度方差分析结果。可以看出，凹模入模半角、坯料外径对齿形充填饱满程度影响显著，摩擦系数、工作带长度对齿形充填饱满程度几乎没有影响。

表3.15　齿形充填饱满程度方差分析

项目	自由度	AdjSS	AdjMS	F值	P值	显著性
坯料外径 D	3	765.69	255.229	36.14	0.007	极显著
凹模入模半角 α	3	1143.19	381.063	53.96	0.004	极显著
摩擦系数 f	3	8.69	2.896	0.41	0.758	不显著
工作带长度 L	3	15.69	5.229	0.74	0.595	不显著
误差	3	21.19	7.062			
合计	15	1954.44				

（3）下端面塌角长度方差分析　表3.16为下端面塌角长度方差分析。可以看出，凹模入模半角对下端面塌角长度的影响极显著，其余因素对下端面塌角长度几乎没有影响。

表3.16　下端面塌角长度方差分析

项目	自由度	AdjSS	AdjMS	F值	P值	显著性
坯料外径 D	3	1.3232	0.44106	6.30	0.082	不显著
凹模入模半角 α	3	14.2592	4.75306	67.89	0.003	极显著
摩擦系数 f	3	0.7767	0.25890	3.60	0.156	不显著
工作带长度 L	3	0.2179	0.07264	1.04	0.488	不显著
误差	3	0.2100	0.07001			
合计	15	16.7890				

（4）有效齿形长度方差分析　表3.17为有效齿形长度方差分析。可以看出，凹模入模半角对有效齿形长度影响显著，其余因素对有效齿形长度影响不显著。

表 3.17　有效齿形长度方差分析

项目	自由度	AdjSS	AdjMS	F 值	P 值	显著性
坯料外径 D	3	22.65	7.549	3.92	0.146	不显著
凹模入模半角 α	3	1292.56	430.853	223.93	0.001	极显著
摩擦系数 f	3	21.77	7.258	3.67	0.152	不显著
工作带长度 L	3	18.14	6.048	3.14	0.186	不显著
误差	3	5.77	1.924			
合计	15	1360.90				

3.4.7　确定最优工艺参数组合

根据极差 R，已经确定了各试验指标下的因素的主次顺序及优化水平组合。具体见表 3.18。

表 3.18　因素的主次顺序及优化水平组合

试验指标	主次顺序	优化水平组合
成形载荷	B>C>A>D	$A_1B_1C_1D_1$
齿形充填饱满程度	B>A>D>C	$A_3B_4C_4D_1$
下端面塌角长度	B>A>C>D	$A_4B_4C_4D_2$
有效齿形长度	B>C>D>A	$A_3B_4C_4D_4$

由表 3.18 可知，对于因素 A，其对齿形充填饱满程度和下端面塌角长度影响排第二位，因此 A 可以取 A_3 或者 A_4；对成形载荷影响排第三位，为次要因素，取 A_1；对有效齿形长度影响排第四位，取 A_3；根据表 3.14 的 A 因素最优水平分析表，可以看出取 A_1、A_2、A_3 时，对成形载荷的影响不大，此外，取 A_3 比取 A_4 的下端面塌角长度增大了 0.6872mm，但成形载荷降低了 14.8%，齿形充填饱满程度提高了 21.1%，有效齿形长度提高了 1.55%，故 A 取 A_3。同理可分析 B 取 B_4，C 取 C_4。见表 3.19，考虑到随着摩擦系数增大，成形载荷增大 24.10%，摩擦系数对其余三个试验指标影响几乎忽略不计。为了降低模具磨损速度，提高模具寿命，保证齿顶角隅处充填饱满，综合考虑四个试验指标，对于因素 C 取 C_3。工作带长度对四个试验指标影响不明显，从降低成本角度合理选择，取 D_1。

表 3.19　A 因素最优水平分析表

坯料外径 D	k_1	k_2	k_3	k_4
成形载荷	12.46	12.50	12.98	14.90
齿形充填饱满程度	78.00	89.50	90.50	74.75
下端面塌角长度	1.7345	1.8970	1.8740	1.1868
有效齿形长度	31.16	33.99	34.07	33.55

结合极差分析与方差分析，确定了试验结果的差异是由于试验因素水平不同引

起的，而不是试验误差引起的，验证了分析结果的准确性。

表3.20　C因素最优水平分析表

摩擦系数 f	k_1	k_2	k_3	k_4
成形载荷	11.91	12.53	13.63	14.78
齿形充填饱满程度	82.50	82.50	83.50	84.25
下端面塌角长度	1.9985	1.7453	1.5190	1.4295
有效齿形长度	31.42	33.37	33.29	34.70

综上所述，最优组合为 $A_3B_4C_3D_1$。也就是坯料外径取146mm，凹模入模半角取68°，摩擦系数取0.18，工作带长度取4mm。

3.4.8　最优参数组合的模拟分析结果

根据前文正交试验的分析结果，选取最优组合参数，采用DEFORM-3D分析软件模拟棘轮外齿冷挤压成形过程。模拟工艺参数设置见表3.21。

表3.21　工艺参数设置

名　　称	对应设置
齿数	20
模拟变形最小单元	1/40
温度设置/℃	20
挤压速度/（mm/s）	20
加载步长/mm	0.2
单元类型	四面体单元
单元格数	50000
加载步数	200

3.4.9　下端面塌角及齿形充填饱满程度分析

（1）下端面塌角长度分析　在冷挤压齿形件时，因为各处坯料流速不同，齿形件下端面的塌角不可避免，有效减小下端面塌角长度可以提高材料利用率，降低后续加工成本。从图3.18a可以看出，优化后的下端面塌角很小，高度仅为0.6602mm，是优化前塌角长度的几分之一（见图3.18b）。

（2）齿形充填饱满程度分析　冷挤压齿形件时，齿顶角隅处金属流动阻力大，一般很难充填饱满。P档棘轮的外齿齿形宽，齿高较大，齿顶角隅处需要更多的金属填充，因此在实际生产试验中，会出现齿顶角隅处缺料的现象。这里的试验结果如图3.19所示。

从图3.19可以看出，在凸凹模共同作用力下，坯料进入凹模工作带之前，先

a) 优化后下端面塌角长度

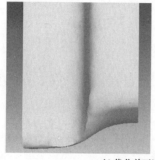 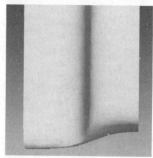

b) 优化前下端面塌角长度

图 3.18　塌角长度图

a) 第29步　　　　　b) 第90步　　　　　c) 第171步　　　　　d) 第180步

图 3.19　齿形充填饱满程度图

是镦粗变形，坯料外侧完全与凹模内表面接触，然后流经齿形预成形区，进入凹模工作带，最终形成齿形，在凹模工作带区域的材料完全与工作带接触，没有出现模具工作带表面与材料分离的现象。因此可以确定，成形过程中棘轮外齿齿形充填饱满，齿顶角隅处未出现缺料现象。

3.4.10 速度场分析

（1）整体分析法 棘轮外齿冷挤压成形的速度场可以直观反映材料在变形过程中的流动情况。图3.20所示为坯料在不同时段的速度场。

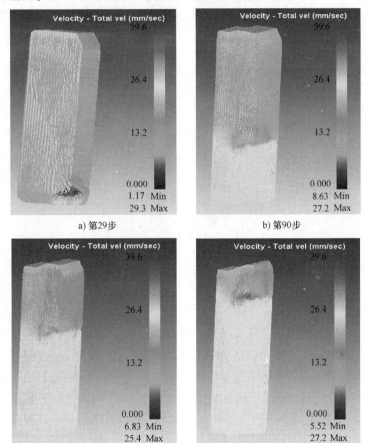

图 3.20 速度场分布图

从图3.20可以看出，在凸模刚开始对坯料施加向下的力时，坯料下端外缘处先与凹模接触。在上下模的共同作用力下，坯料下端外缘处开始变形，并且以镦粗为主，此时与凹模接触的材料贴着凹模表面向下运动，逐渐形成外齿的形状。因为摩擦力的存在，接触凹模表面的金属流动速度约为13mm/s，比凸模的运动速度小7mm/s。随着凸模继续向下运动，坯料按照一定的速度连续不断地流入凹模预成形区，然后从凹模工作带下端流出。流出工作带的金属已经完全形成棘轮外齿，此时的坯料不与模具接触，坯料向下移动，速度接近凸模运动速度。在整个变形过程中，坯料整体流动均匀，只有在凹模预成形齿根的表面，因为此处材料变形大，凸模施加的压力大部分必须由该表面承受，所以此处的摩擦力大，金属流动稍缓慢一些。

（2）点追踪分析法　为了得到毛坯在成形过程中各处材料的流动情况，依次在坯料内部及表面选取有代表性的 8 个点，如图 3.21 所示。

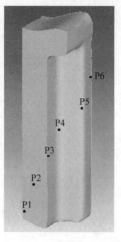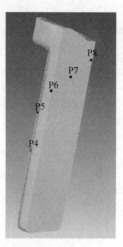

图 3.21　点位置示意图

测得 8 个点在整个成形过程中的速度变化曲线，如图 3.22 所示。可以看出，在凸模与坯料接触前，各点的速度为 0。凸模继续向下运动，带着坯料向下运动，此时速度突然变大，接近凸模运动速度，大小为 20mm/s。紧接着，坯料外缘先与凹模接触，并随着凸模施加的压力变大，接触面积逐渐变大，如图 3.23 所示。图 3.23a 中坯料出现镦粗现象，所以各点速度呈现不同程度的减小，并且从点 1 到点 8 速度变慢程度逐渐减小。当凸模继续向下运动时，材料不断从凹模工作带流出，在这个时段，各点流经齿形预成形区，进入工作带，其速度都会不同程度变小（见图 3.23b），并且齿根处材料（点 3、点 4）因为所受摩擦力大，速度减小得多，其他点处的材料速度减小程度相当。当材料流出工作带时，速度趋于稳定并且相同。

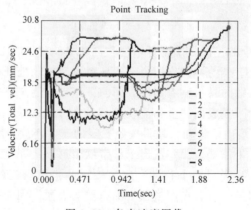

图 3.22　各点速度图像

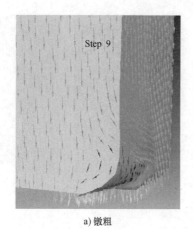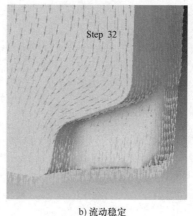

a) 镦粗   b) 流动稳定

图 3.23 齿形预成形表面材料流动情况

3.4.11 载荷-行程分析

图 3.24 所示为棘轮外齿冷挤压成形模具和工件的载荷-行程曲线。从图中可以看出，冷挤压外齿成形过程中，凸凹模载荷稳定，约为 120kN，因此，整个棘轮外齿冷挤压成形载荷约为 4800kN。

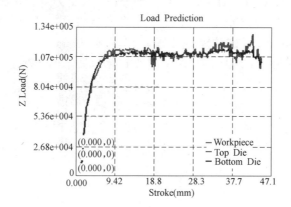

图 3.24 载荷-行程曲线

3.4.12 等效应力分布分析

图 3.25 为材料的等效应力分布云图，可以看出，从金属的变形开始到结束，齿形预成形区和工作带区域材料变形量大，材料始终处于高应力状态，其值为 960MPa。齿形预成形区下方的材料等效应力逐渐减小并趋于稳定值，大小为 450MPa。流出工作带的材料变形结束，并且不与模具接触，等效应力为 0。

a) 第60步

b) 第110步

c) 第180步

d) 第225步

图 3.25 等效应力分布云图

3.5 P 档棘轮外齿冷挤压模具分析

3.5.1 三层组合凹模尺寸初步设计

表面单位应力较大的凹模，其结构设计的关键部分是预应力组合凹模的设计。如果预应力组合凹模设计不合理，在较大的表面单位应力下，凹模会过早出现切向开裂现象。这里将给出冷挤 P 档棘轮外齿的组合凹模关键部分的设计计算。图 3.26 所示为三层组合凹模的结构形式。

设计组合凹模时，首先要确定凹模多圈直径，具体包括确定 r_1、r_2、r_3、r_4 的大小，然后还要确定径向过盈量 U_2、U_3 和轴向压合量 C_2、C_3[7]。组合凹模设计主要是针对模具内壁为光滑圆筒的组合模具。针对 P 档棘轮外齿冷挤压凹模，还没有特定的计算公式。对于该类模具，可以先假定模具内壁不存在齿形，按照直壁圆筒组合凹模进行尺寸初步计算。直壁圆筒内外压力情况如图 3.27 所示。

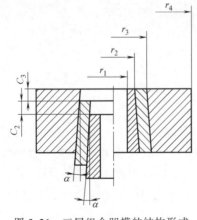

图 3.26 三层组合凹模的结构形式

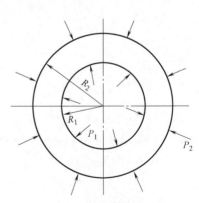

图 3.27 直壁圆筒受力图

根据 Lame 公式[8]可以求得组合凹模内壁任意半径 r 处的切向应力 σ_τ 和径向应力 σ_r，公式如下：

$$\sigma_\tau = \frac{R_1^2 p_1 - R_2^2 p_2}{R_2^2 - R_1^2} + \frac{(p_1 - p_2) R_1^2 R_2^2}{r^2 (R_2^2 - R_1^2)} \tag{3.2}$$

$$\sigma_r = \frac{R_1^2 p_1 - R_2^2 p_2}{R_2^2 - R_1^2} - \frac{(p_1 - p_2) R_1^2 R_2^2}{r^2 (R_2^2 - R_1^2)} \tag{3.3}$$

式中，R_1 为直壁圆筒内半径；R_2 为直壁圆筒外半径；p_1 为直壁圆筒内压力；p_2 为直壁圆筒外压力。

假设凹模内圈不存在齿形，取 $r = R_1$，$Q_1 = r_1 / r_2$，则有

$$\sigma_\tau = \frac{1 + Q_1^2}{1 - Q_1^2} p_1 - \frac{2 p_2}{1 - Q_1^2} \tag{3.4}$$

根据凹模内圈材料 YG20，得到 $\sigma_\tau = 0$，进一步得到

$$p_1 = 2 p_2 / (1 + Q_1^2) \tag{3.5}$$

令 $Q_2 = r_2 / r_3$，$Q_3 = r_3 / r_4$，应用第三强度理论有

$$p_2 - p_3 = \frac{[\sigma_2]}{2} (1 - Q_2^2) \tag{3.6}$$

$$p_3 - p_4 = \frac{[\sigma_3]}{2} (1 - Q_3^2) \tag{3.7}$$

式中，$[\sigma_2]$ 为中间应力圈材料 H13 的许用应力；$[\sigma_3]$ 为外应力圈材料 40Cr 的许用应力。

为了使凹模所能承受的内压力达到最大值，则要求

$$\partial_{p_1} / \partial_{Q_1} = 0 \tag{3.8}$$

$$\partial_{p_1} / \partial_{Q_2} = 0 \tag{3.9}$$

联立求得合理的 Q_1、Q_2 值，满足如下关系式：

$$Q_2 = \sqrt{\frac{p_1}{[\sigma_2]}} Q_1 \tag{3.10}$$

$$Q_3 = \sqrt{\frac{p_1}{[\sigma_3]}} Q_1 \tag{3.11}$$

令 $Q = Q_1 Q_2 Q_3$，三层组合凹模总直径比 $a = 4 \sim 6$，考虑模具工作压力大，取 $a = 5$，则有

$$Q_1 Q_2 Q_3 = 1/5 \tag{3.12}$$

结合式（3.10）、式（3.11）、式（3.12），求得 Q_1、Q_2、Q_3。

凹模内圈与中间应力圈过盈量 U_2、中间应力圈与外应力圈过盈量 U_3 计算如下：

$$U_2 = \frac{d_2 p_1 (1+Q^2)(1-Q_1^2)}{2(1-Q^2)} \left[\frac{1}{E_1} \left(\frac{1+Q_1^2}{1-Q_1^2} - u_1 \right) + \frac{1}{E_2} \left(\frac{1+Q_2^2 Q_3^2}{1-Q_2^2 Q_3^2} + u_2 \right) \right] \qquad (3.13)$$

$$U_3 = d_3 \frac{[\sigma_3] - p_1 Q_2^2}{E_3} \qquad (3.14)$$

式中，E_1 为凹模内圈材料的弹性模量；E_2 为凹模中圈材料的弹性模量；E_3 为凹模外圈材料的弹性模量；u_1 为凹模内圈材料的泊松比；u_2 为凹模中圈材料的泊松比。

取 $r_1 = 73\text{mm}$，根据 Q_1、Q_2、Q_3 得到 $r_2 = 117\text{mm}$，$r_3 = 187\text{mm}$，$r_4 = 286\text{mm}$，将各量代入式（3.13）和式（3.14），得到 $U_2 = 0.538\text{mm}$，$U_3 = 0.752\text{mm}$。

轴向压合量 C_2、C_3 的具体计算公式如下：

$$C_2 = \delta_2 d_2 \qquad (3.15)$$

$$C_3 = \delta_3 d_3 \qquad (3.16)$$

式中，δ_2 为 d_2 处的轴向压合系数；δ_3 为 d_3 处的轴向压合系数。

3.5.2 基于黄金分割法的过盈量优化设计

1. 黄金分割法简介

毕达哥拉斯所提出的黄金分割法[9]适用于搜索区间为 $[a, b]$ 上的单谷函数，该方法建立在区间消去原理的基础上，在搜索区间上插入两个点 $a^{(1)}$、$a^{(2)}$，把区间分成三段，如图 3.28 所示。

假设区间 $[a, b]$ 长度为 1，则 $\lambda = 0.618$，通过迭代计算，不断缩小寻优区间，从而找到最优点的近似值。迭代过程为：

1）在搜索区间 $[a, b]$ 取点 $a^{(1)}$，$a^{(2)}$，其值分别为：$a^{(1)} = b - 0.618(b-a)$；$a^{(2)} = a + 0.618(b-a)$。令 $f(a^{(1)}) = f_1, f(a^{(2)}) = f_2$。

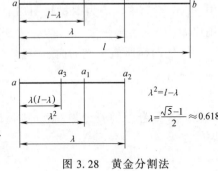

图 3.28 黄金分割法

2）缩小搜索区间。若 $f_1 \leqslant f_2$，则取 $[a, a^{(2)}]$ 为新区间 $[a_1, b_1]$，并做置换：

$a^{(2)} \Rightarrow b$，$a^{(1)} \Rightarrow a^{(2)}$，$f_1 \Rightarrow f_2$，$b - 0.618(b-a) \Rightarrow a^{(1)}$，$f(a^{(1)}) \Rightarrow f_1$。

若 $f_1 > f_2$，则取 $[a^{(1)}, b]$ 为新区间 $[a, b]$，并做置换：

$a^{(1)} \Rightarrow a$，$a^{(2)} \Rightarrow a^{(1)}$，$f_2 \Rightarrow f_1$，$a + 0.618(b-a) \Rightarrow a^{(2)}$，$f(a^{(2)}) \Rightarrow f_2$。

3）判断迭代完成条件。当搜索区间小于规定的精度，即 $b - a \leqslant \varepsilon$ 时，迭代完成。最优解 $a^* = \dfrac{a+b}{2}$。

图 3.29 为黄金分割法的计算流程图。

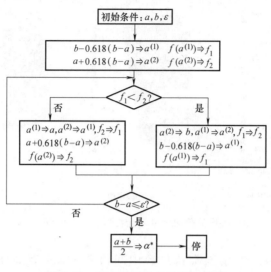

$$初始条件：a,b,\varepsilon$$

$$b-0.618(b-a)\Rightarrow a^{(1)} \quad f(a^{(1)})\Rightarrow f_1$$
$$a+0.618(b-a)\Rightarrow a^{(2)} \quad f(a^{(2)})\Rightarrow f_2$$

$$f_1<f_2?$$

否

$$a^{(1)}\Rightarrow a, a^{(2)}\Rightarrow a^{(1)}, f_2\Rightarrow f_1$$
$$a+0.618(b-a)\Rightarrow a^{(2)}$$
$$f(a^{(2)})\Rightarrow f_2$$

是

$$a^{(2)}\Rightarrow b, a^{(1)}\Rightarrow a^{(2)}, f_1\Rightarrow f_2$$
$$b-0.618(b-a)\Rightarrow a^{(1)},$$
$$f(a^{(1)})\Rightarrow f_1$$

$$b-a\leqslant\varepsilon?$$

否 是

$$\frac{a+b}{2}\Rightarrow\alpha^* \quad 停$$

图 3.29 黄金分割法的计算流程图

2. 过盈量的迭代最优设计

图 3.30 所示为组合凹模应力分析模型，图 3.31 为 $U_2=0.538$mm 的组合凹模各圈等效应力分布云图。可以看到凹模内圈最大等效应力约为 2350MPa，因为凹模齿形的存在，理论计算的过盈量大于实际过盈量。因此，要对初步设计的 U_2 进行调整，通过黄金分割法对 U_2 迭代寻优。

过盈量上限值为 0.538mm，下限值为 0mm，寻优区间为 [0，0.538]，分别建立不同过盈量的组合凹模有限元模型

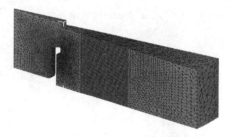

图 3.30 组合凹模应力分析模型

进行模拟分析。各迭代区间的过盈量和等效应力见表 3.22。

表 3.22 各迭代区间的过盈量和等效应力值

模拟量	原区间	第一次迭代后区间	第三次迭代后区间	第四次迭代后区间	第五次迭代后区间	$(a+b)/2$
过盈量/mm	0~0.538	0.206~0.538	0.332~0.538	0.332~0.459	0.381~0.459	0.42
等效应力/MPa	2110~2350	2100~2350	1880~2350	1800~1880	1700~1800	1660

由表 3.22 可以看出，每迭代一次，搜索区间都会按照一定的数量关系缩小，模具的等效应力也在渐渐缩小。第五次迭代后，搜索区间为 [0.381，0.459]，凹模内圈最大等效应力约为 1660MPa，中圈最大等效应力约为 980MPa，外圈最大等

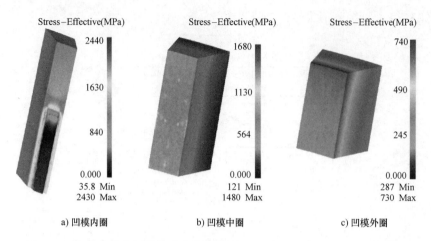

a) 凹模内圈   b) 凹模中圈   c) 凹模外圈

图 3.31　组合凹模各圈等效应力分布云图（$U_2 = 0.538$mm，$U_3 = 0.752$mm）

效应力约为 498MPa。取第五次迭代后中间值 0.42mm 为最佳过盈量。对 $U_2 = 0.42$mm，$U_3 = 0.752$mm 的组合凹模模拟分析，得到组合凹模各圈等效应力分布云图（见图 3.32）。由图可知，模具各部分等效应力均在材料的许用应力范围内，模具等效应力降低了 29%。

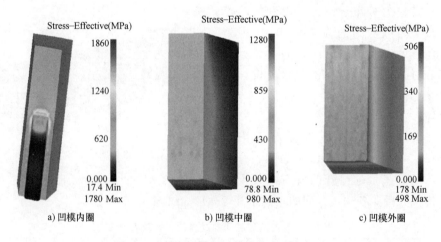

a) 凹模内圈   b) 凹模中圈   c) 凹模外圈

图 3.32　组合凹模各圈等效应力分布云图
（$U_2 = 0.42$mm，$U_3 = 0.752$mm）

3. 凹模压合工艺

针对压合的配合面，采用研磨工艺，压合面相互接触面积不低于 70%，保证预应力的有效施加。为了进一步提高模具寿命，采用冷压合工艺，在液压机的作用力下，组合凹模的内外圈由外向内压合，该工艺可以有效防止凹模的横向和纵向开裂问题。

3.5.3　模具磨损分析

模具磨损分析的关键参数设置见表3.23。

表3.23　关键参数设置

名　　称	对应设置
模拟类型	Lagrangian Incremental
模拟最小单元	1/40
模具材料	AISI H-13
模具硬度 HRC	60
坯料单元格数	30000
凹模单元格数	40000
凸模速度/（mm/s）	20

图3.33所示为模具磨损深度试验结果。从图中可以看出，在坯料变形初期，坯料先与凹模齿根处接触并产生相对运动，凹模齿根处先发生模具磨损，随着凹模不断向下运动，坯料发生镦粗变形，坯料外圆柱面渐渐与凹模内壁接触，并且接触面积不断增大，作用力也在变大，磨损速度变快，直到变形结束。整个变形过程中，凹模齿形预成形表面磨损深度最大，并且以表面边缘最为明显，达到 3.010×10^{-6} mm。其次是凹模内圆柱表面，磨损量约为 1.030×10^{-6} mm，因为该表面尺寸精度要求不高，因此，此处磨损

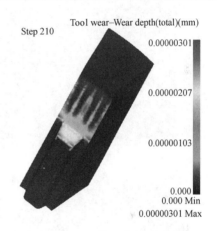

图3.33　模具磨损云图

可以忽略不计。在凹模工作带处，坯料与模具接触压力小，几乎不发生磨损。

由前面研究可知，凹模工作带长度对试验结果的影响几乎可以忽略不计。因此，在开发凹模时，凹模工作带长度在合理范围内应选择大一些。这样，凹模工作一段时间，当模具齿形预成形表面磨损到一定程度后，对模具齿形处进行简单维修即可继续使用，直到凹模工作带长度小于最小值后，模具才会因为磨损失效。取凹模工作带长度为8mm，凹模的总使用寿命在70000次左右。

3.6　P档棘轮外齿冷挤压过程工艺验证

3.6.1　试验条件准备

1. 试验设备及材料

根据前文，试验选择工艺方案三，在冷挤外齿前，要先进行制坯工作。图

3.34 所示为冷挤外齿前处理试验设备。图 3.34a 所示为数控圆盘锯床下料机；图 3.34b 所示为抛丸机，抛丸电动机电流为 10~20A，钢丸直径为 0.6mm，抛丸时间为 45min，抛丸目的是去除棒料表面铁锈，有利于喷涂石墨涂层及保证坯料表面能

a) 数控圆盘锯床下料机

b) 抛丸机

c) 石墨自动喷涂机

d) 中频感应加热炉

e) 碾环机

f) 井式退火炉

g) 磷化皂化自动生产线

图 3.34　冷挤外齿前处理试验设备

够形成一定的磷化层；图 3.34c 所示为石墨自动喷涂机，石墨喷涂前将棒料加热到 150~200℃后进入自动喷涂装置，石墨水喷嘴按照一定的方向朝棒料喷涂石墨乳液，乳液配比：5 份水配 1 份原液；喷涂好的棒料进入中频感应加热炉（图 3.34d 为中频感应加热炉）加热到 1025~1075℃后出炉，经过红外测温仪测温筛选，喷涂原理如图 3.35 所示；图 3.34e 所示为碾环机；图 3.34f 所示为井式退火炉；图 3.34g 所示为磷化皂化自动生产线。磷化皂化工艺见表 3.24。

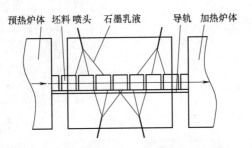

预热炉体 坯料 喷头 石墨乳液 导轨 加热炉体

图 3.35 喷涂石墨原理图

表 3.24 磷化皂化工艺

工步	内容	设备	溶液成分			工作条件	
			名称	分子式	含量(%)	温度/℃	时间/s
1	酸洗	酸洗槽	稀硫酸	H_2SO_4	10~20	室温	690
2	水洗	水槽	水	H_2O		室温	20
3	水洗	水槽	水	H_2O		室温	20
4	中和	中和槽	中和液	RX-1.21	pH 值 8~9	室温	90
5	水洗	水槽	水	H_2O		室温	20
6	热水洗	热水槽	热水	H_2O		65~85	20
7	磷化	磷化槽	磷化液	RX-131 RX-81A RX-81B	Fe^{2+}：0.3~2.0g/L；游离酸度：6~8；酸度：7~10	65~85	600
8	水洗	水槽	水	H_2O		室温	20
9	水洗	水槽	水	H_2O		室温	20
10	热水洗	热水槽	热水	H_2O		65~85	20
11	皂化	皂化槽	皂化液	RX-135	1.5~2.5 单位（游离酸度）	65~85	540
12	热水洗	热水槽	热水	H_2O		70~85	20

为了提高材料的冷挤压性能，要对毛坯材料进行球化退火处理，如图 3.36 所示。

　　图 3.37 所示为磷化皂化后坯料, 图 3.38 所示为试验凸、凹模, 图 3.39 所示为试验模具。

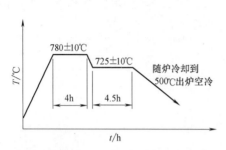

图 3.36　球化退火工艺

图 3.37　磷化皂化后坯料

a) 凸模

b) 组合凹模

图 3.38　凸、凹模

图 3.39　模具照片

2. 压力机吨位的选择

根据第 3.4.5 节模拟结果，所需载荷约为 5200kN，试验选择载荷为 6300kN 的模锻压力机。图 3.40 所示为试验压力机，型号为 YQK34-630。

图 3.40　YQK34-630压力机

3.6.2　试验结果及分析

经过实际生产验证，采用正向冷挤压成形的 P 档棘轮外齿完全满足零件设计要求，挤压件外观良好，下端面塌角长度≤1.1mm，有效齿形长度≥45mm，几何公差和尺寸公差都在合理范围内，模具工作 28000 次后，齿根未出现开裂现象，凹模齿形预成形表面边缘磨损量 0.084mm。与传统制造方法相比，产品合格率、性能和材料利用率大幅提高。图 3.41 为冷挤外齿后的 P 档棘轮样品图，外观形状与模拟结果完全一致（见图 3.42）。

图 3.41　试验样品

图 3.42　模拟成形零件

3.7 参考文献

[1] 李明亮. 圆柱直齿轮冷挤压工艺研究 [D]. 洛阳：河南科技大学，2006.

[2] 洪涂泽. 冷挤压工艺及模具设计 [M]. 合肥：安徽科学技术出版社，1985.

[3] 胡建军，李小平. DEFORM-3D 塑性成形 CAE 应用教程 [M]. 北京：北京大学出版社，2011.

[4] 金仁钢. 实用冷挤压技术 [M]. 哈尔滨：哈尔滨工业大学出版社，2005.

[5] 杨长顺. 冷挤压模具设计 [M]. 北京：国防工业出版社，1994.

[6] 茆诗松，周纪芗，陈颖. 试验设计 [M]. 北京：中国统计出版社，2012.

[7] 中国机械工程学会塑性工程学会. 锻压手册 [M]. 北京：机械工业出版社，2008.

[8] 夏巨谌. 中国模具工程大典（第 5 卷）：锻造模具设计 [M]. 北京：电子工业出版社，2007.

[9] 邵宗科，殷东平，杜雄尧，等. 基于黄金分割法的超塑成型模具型面设计 [J]. 电子工艺技术，2015（4）：238-241.

第4章

基于激光冲击强化的模具延寿技术

4.1 激光冲击强化模具的原理

　　激光冲击强化技术[1]，是通过高功率密度（$>10^9\text{W/cm}^2$）、短脉冲（$10\sim30\text{ns}$ 量级）的激光束，透过约束层辐射涂覆在金属表面的吸收层，吸收层迅速气化并继续吸收激光能量，此时吸收层已经气化并电离形成高温高压（$>10000\text{K}$，$>1\text{GPa}$）的等离子体。等离子体继续吸收激光能量并急剧膨胀，等离子体向外膨胀受到约束层的阻碍，导致温度和压强急剧上升，最终爆炸形成峰值压力达吉帕（GPa）量级的冲击波作用到金属靶材表面。由于冲击波的峰值压力远大于材料的动态屈服强度，并且冲击波的加载时间极其短暂（$60\sim100\text{ns}$），金属靶材被冲击区域产生超高应变率的永久塑性变形。同时由于冲击波的轰击作用，使得靶材表层材料产生孪晶、晶粒细化、高位错密度和高峰值的残余压应力，从而可以有效地提高金属靶材的表面性能。

　　激光冲击强化时涂覆在金属靶材表面的吸收层一般为黑漆或铝箔。能量吸收层不仅可以气化电离产生超高强度的冲击波，而且可以有效地保护金属靶材表面不被激光灼伤。安置在吸收层上部的约束层一般为透明玻璃或者流动的水流层，约束层不仅可以积聚形成高温高压的等离子体，产生传向金属靶材内部的冲击波，而且当约束层为流动的水流层时还可以清理黑漆或铝箔气化时留下的废弃物。图 4.1 为激

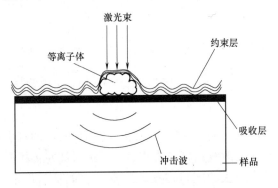

图 4.1　激光冲击强化示意图

光冲击强化示意图。

激光冲击强化对金属靶材没有热影响，这是激光冲击强化技术最显著的特点。与传统的挤压模具表面改性方法相比，它具有以下优点：

激光冲击强化能有效地保护被处理试样表面，避免热效应对试样机械性能的影响；作用时间超短，约为几十纳秒；具有超高应变率，可达 $10^7 s^{-1}$；可获得吉帕量级的峰值压力；具有叠加性，并可以多次冲击；柔性好，可对复杂表面进行处理；材料表面可获得 1mm 左右的残余应力深度。

4.2 激光诱导冲击波的形成及传播机理

4.2.1 激光束辐射到材料表面的响应

强激光束辐射到靶材时，激光束总能量 E_0 由反射能量 $E_{反射}$、吸收能量 $E_{吸收}$ 和透射能量 $E_{透射}$ 三部分组成，即

$$E_0 = E_{反射} + E_{吸收} + E_{透射} \tag{4.1}$$

式 (4.1) 变换为

$$1 = \frac{E_{反射}}{E_0} + \frac{E_{吸收}}{E_0} + \frac{E_{透射}}{E_0} = \rho_R + \alpha_A + \tau_T \tag{4.2}$$

式中，ρ_R 为反射比；α_A 为吸收比；τ_T 为透射比[1]。冲击试样上的吸收层是不透明的，所以 $E_{透射} = 0$，$\rho_R + \alpha_A = 1$，激光强度为 $I = I_0 e^{-Ax}$（x 为到材料表面距离，I_0 为激光传播到材料表面的强度），A 为材料对激光能量的吸收系数。通过测量材料的辐射折射率 n 可以计算得到反射比 ρ_R，进而可得吸收比 α_A 和吸收系数 A。

材料的辐射折射率公式为

$$n = n_1 + in_2 \tag{4.3}$$

当激光垂直辐射在靶材表面时，反射比 ρ_R 可表示成

$$\rho_R = \left| \frac{n-1}{n+1} \right|^2 = \frac{(n_1-1)^2 + n_2{}^2}{(n_1+1)^2 + n_2{}^2} \tag{4.4}$$

如果靶材表面吸收层不透明，则 $E_{透射} = 0$，$\tau_T = 0$，所以 $\alpha_A = 1 - \rho_R$，将式 (4.4) 代入得 $\alpha_A = \frac{4n_1}{(n_1+1)^2 + n_2{}^2}$，吸收系数 A 可以表示为 $A = \frac{4\pi n_2}{\lambda}$，其中 λ 为波长。

激光束打在金属靶材表面并传播到内部，金属材料中的自由电子吸收能量产生剧烈振动，形成很强的反射波和较弱的透射波，透射波在传播时迅速被吸收。由于反射波的影响，被反射出去的能量占很大一部分，能量利用率低[2]。金属材料对激光的反射率高达 78%～98%，因此对金属材料进行冲击强化处理时常在材料表面

设有吸收层，提高激光能量的利用率。能量吸收层一般选用铝箔、磷化混合物、黑漆等，其中黑漆应用最为普遍[3]。

4.2.2　激光诱导冲击波的产生

激光束辐射在吸收层上，吸收层迅速气化并继续吸收能量发生电离现象。由于吸收层被持续充能，最终转变为高温高密度的等离子状态。等离子体由一定数量的带电粒子组成，有时也包含中性粒子，是不同于固、液、气三态而独自存在的一种形式，通常被称为物质的第四态[4]。随着等离子体被不断充能，其温度急剧上升并向外扩张，随着后续激光的持续辐射，等离子体以超快的速度向激光束辐射的反方向传播[5]。受约束层和靶材表面的共同限制，急速膨胀的等离子在极短的时间内产生冲击波，并冲向靶材。

激光诱导冲击波的波形如图4.2所示。

选择以下两点作为分段点：冲击波压力等于材料的最高弹性应力 HEL；冲击波压力大于冲击波峰值压力 P_{max}。这两点把图4.2分割成三段：第一段，冲击波压力从零增加到材料的最高弹性应力 HEL，这段冲击波属于弹性波；第二段，冲击波压力从材料的最高弹性应力 HEL 增加到冲击波峰值压力，由于冲击波压力已经超出材料的最高弹性应力，材料将出现屈服变形，属于塑性加载波；第三段，冲击波从峰值压力一直到减小到零，属于卸载波。

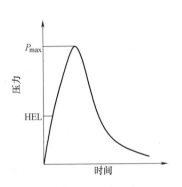

图 4.2　激光冲击波压力-时间曲线示意图

假设材料是理想的各向同性弹塑性材料，冲击波作用在靶材上时，靶材发生的是一维应变。材料内部传播的一维应变波的关系式为[6,7]

$$\begin{cases} \dfrac{\partial V_X}{\partial X} = \dfrac{\partial \varepsilon_X}{\partial t} & \text{（连续方程）} \\[2mm] \rho_0 \dfrac{\partial V_X}{\partial t} = \dfrac{\partial V_X}{\partial X} & \text{（运动方程）} \\[2mm] \dfrac{\mathrm{d}\sigma_X}{\mathrm{d}\varepsilon_X} = \begin{cases} K+\dfrac{4}{3}G & (\sigma_X \leqslant \sigma_H) \\[2mm] K+\dfrac{4}{3}G_P & (\sigma_X > \sigma_H) \end{cases} & \text{（本构方程）} \end{cases}$$

$$(4.5)$$

式中，V_X、σ_X、ε_X 分别为质点在 X 方向的速度、应力、应变；K 为体积压缩模量；ρ_0 为初始密度；G 为剪切模量；G_P 为塑性剪切模量。其方程组的特征线和相容关系式为

$$\begin{cases} \mathrm{d}X = \pm C_{\mathrm{L}}\mathrm{d}t \\ \mathrm{d}V_X = \pm C_{\mathrm{L}}\mathrm{d}\varepsilon_X \\ \mathrm{d}\sigma_X = \pm \rho_0 C_{\mathrm{L}}\mathrm{d}V_X \end{cases} \tag{4.6}$$

式中，C_{L} 为应变波的传播速度：

$$C_{\mathrm{L}} = \sqrt{\frac{\mathrm{d}\sigma_X/\mathrm{d}\varepsilon_X}{\rho_0}} \tag{4.7}$$

根据式（4.5）中的本构方程可得

$$C_{\mathrm{L}} = C_{\mathrm{E}} = \sqrt{\frac{K + \dfrac{4}{3}G}{\rho_0}} \tag{4.8}$$

式中，C_{E} 为弹性波阶段的传播速度。

$$C_{\mathrm{L}} = C_{\mathrm{P}} = \sqrt{\frac{K + \dfrac{4}{3}G_{\mathrm{P}}}{\rho_0}} \tag{4.9}$$

式中，C_{P} 为塑性加载阶段的传播速度。

4.2.3　激光诱导冲击波的数学模型与峰值估算

Fabbro 等人对作用在靶材表面的激光诱导的等离子体做了大量的研究，并针对设有约束层的激光冲击模型进行了研究，建立了能准确反映冲击波加载情况的数学估算模型[8]。建立该模型所做的假设如下：①等离子体为理想气体；②约束层和靶材均是理想的各向同性材料；③等离子体的膨胀方向只沿轴向。在以上假设成立的基础下可得方程组：

$$\begin{cases} \dfrac{\mathrm{d}L(t)}{\mathrm{d}t} = \dfrac{2P(t)}{Z} \\ \dfrac{2}{Z} = \dfrac{1}{Z_1} + \dfrac{1}{Z_2} \\ I(t) = P(t)\dfrac{\mathrm{d}L(t)}{\mathrm{d}t} + \dfrac{3}{2\alpha}\dfrac{\mathrm{d}[P(t)L(t)]}{\mathrm{d}t} \end{cases} \tag{4.10}$$

式中，Z_1、Z_2 分别为靶材和约束层的声阻抗，$Z_i = \rho_i D_i$（$i = 1$，2；ρ_i 为材料的密度；D_i 为冲击波的速度）；Z 为折合声阻抗；α 为内能转化系数，一般取 0.1 ~ 0.15，$I(t)$ 为 t 时刻被能量吸收层吸收的入射光功率密度，最终推导出激光诱导的冲击波峰值压力：

$$P(t) = 0.01 \sqrt{\frac{\alpha}{2\alpha+3}} \sqrt{Z} \sqrt{I_0} \qquad (4.11)$$

式中，$P(t)$ 为冲击波峰值压力，单位为 GPa；α 为内能转化系数；Z 为折合声阻抗，单位为 g/(cm²·s)；I_0 为激光功率密度，单位为 GW/cm²。I_0 满足以下关系式：

$$I_0 = \frac{E}{\pi r^2 \tau} \qquad (4.12)$$

式中，E 为激光输出能量，单位为 J；r 为光斑半径，单位为 cm；τ 为激光脉宽，单位为 ns。本文选用水流作为约束层，$Z_{水} = 0.165{\times}10^6\,\text{g/(cm}^2 \cdot \text{s)}$，目标靶材为 H13 热作模具钢，$Z_{H13} = 3.958{\times}10^6\,\text{g/(cm}^2 \cdot \text{s)}$。

4.2.4　激光诱导冲击波最佳峰值压力的确定

激光诱导冲击波作用在靶材表面仅需要几十纳秒（ns）的时间。在高压瞬时作用下，靶材经历着超高应变率（$10^6\,\text{s}^{-1}$）的变形，比传统机械处理方法高出 10000 倍，靶材冲击区的材料发生错综复杂的变化，应力应变出现高度的非线性。激光诱导的冲击波加载过程是非常复杂的非线性动力学问题。因此，传统的静力学应力应变理论已不再适用于冲击波加载计算，而材料的动态屈服变形理论可以很好地描述激光诱导的冲击波加载过程。在激光诱导冲击波加载下，靶材的初始动态屈服强度一般要高于初始静态屈服强度，而对于任何一种材料而言，当加载力大于靶材动态屈服强度时，靶材会发生塑性变形。

外界力大于材料的 HEL（材料最高弹性应力）时，材料才会发生永久性塑性变形。金属靶材的 HEL 估算数学模型可表示为

$$\text{HEL} = \frac{1-\nu}{1-2\nu}\sigma_y^D \qquad (4.13)$$

式中，ν 为材料的泊松比；σ_y^D 为材料的动态屈服强度。

靶材在激光冲击下应变率高达 $10^6\,\text{s}^{-1}$，此时靶材的内部力学响应明显不同于准静态时的情况。当材料的应变率增大时，材料的屈服强度也会增大。由于激光诱导冲击波的传播方向与激光束平行，并垂直于靶材表面，靶材受到单轴压应力，靶材的初始动态屈服强度 σ_y^D 和初始静态屈服强度 σ_y^S 有如下关系：

$$\sigma_y^D = (2\sim4)\sigma_y^S \qquad (4.14)$$

首先给出以下假设：①材料遵守 Von Mises 屈服准则；②激光诱导冲击波加载到靶材上时形成轴向平面塑性变形；③冲击波在空间分布均匀；④靶材不存在加工硬化和黏性现象。Ballard 根据以上假设提出冲击波加载后预测靶材表面残余应力和塑性变形的一维模型，获得了激光强化处理靶材所需冲击波的最佳波峰压力[9]。

当 $P<\text{HEL}$ 时，靶材处在弹性加载阶段，不会发生塑性变形。当 $\text{HEL}<P<2\text{HEL}$

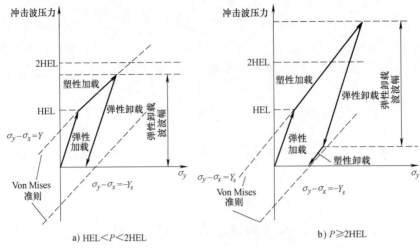

a) HEL<P<2HEL   b) P≥2HEL

图 4.3　理想弹塑性材料的加载和卸载图[10]

时，靶材处在塑性加载阶段，开始发生塑性变形，冲击结束后靶材只存在弹性卸载，不存在塑性卸载，如图 4.3a 所示。当 $P \geqslant 2\text{HEL}$ 时，靶材处在塑性加载阶段，靶材发生塑性变形，当冲击结束后靶材先发生弹性卸载，随后靶材发生塑性卸载，并且反向弹性应变幅值达到最大值 2HEL，在塑性卸载后塑性应变的最大值为 $-\dfrac{2\text{HEL}}{3\lambda + 2\mu}$（$\lambda$、$\mu$ 是 Lame 系数），如图 4.3b 所示。

4.2.5　靶材内部残余应力场的理论分析

1. 靶材内部残余应力场形成的机理

激光束辐射到靶材上的吸收涂层形成等离子体，等离子体膨胀爆炸产生强大的冲击波，弹性波、塑性加载波和卸载波依次从靶材表面向材料内部传播。弹性波、塑性加载波的传播方向为激光束辐射方向，即和靶材表面垂直，因此靶材冲击区域内受到单轴压应力。在激光诱导冲击波的强大压力下，靶材冲击区域材料发生变形，变形方向沿着靶材表面以冲击区域为中心向两侧展开，所以冲击波在传播过程中，会在平行靶材表面方向产生拉应力，如图 4.4a 所示。

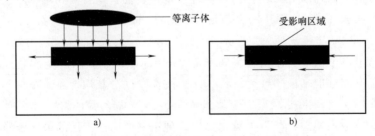

a)　　　　　　　　　　b)

图 4.4　激光冲击材料表层残余应力场的形成原理[11]

由力的相互作用可知，靶材表面冲击区的材料会抵抗由冲击波的压力引起的变形。当激光束停止辐射后，靶材冲击区附近受挤压的材料会最大程度地恢复到冲击前状态，因此会在表层产生双轴向压应力，方向沿靶材表面，如图 4.4b 所示。双轴向压应力的形成极大地提高了靶材的强度和抵抗外界交变应力破坏的能力。靶材经激光冲击处理后，可以在表层形成 1~2mm 深的残余压应力层，远远超过传统的表面处理方法所得到的残余应力层深度。

2. 靶材内部残余应力场的估算

材料表面的残余应力可以直接通过残余应力测试仪测量，而材料内部的残余应力必须剖开材料才能测量，费时费力，还造成了材料的浪费，而且因为应力的释放后导致内部残余应力测试不准确。为了解决这些问题，国内外学者进行了大量的研究，主要集中在对残余应力场的理论估算和数值模拟分析这两个方面。

以材料的弹塑性力学理论为基础，分析了材料的弹塑性力学响应与材料表层及内部残余应力场的关系，建立了残余应力场的估算公式：

$$\begin{cases} \sigma_X = EkP_{max}\,\mathrm{e}^{-bX/E} \\ \sigma_Y = \dfrac{E\nu}{\nu-1}kP_{max}\,\mathrm{e}^{-bX/E} \end{cases} \tag{4.15}$$

式中，σ_X 为激光诱导冲击波加载方向的残余应力；σ_Y 为平行于靶材表面方向的残余应力；E 为弹性模量；ν 为泊松比；b、k 通过试验拟合得到，为待确定的常数。对 45 钢、QT800-2 球铁和 40Cr 钢进行激光冲击强化试验，并用残余应力测试仪分别对材料表面和内部进行测量。利用式（4.15）计算得到了材料的残余应力场的大小，和试验得到的数据吻合度很高。

随着科技的进步，现在越来越多的研究普遍采用计算机数值分析的方法。有限元分析法可以模拟物体实际的受力状态，实现缺陷预测和产品优化，用于指导实际设计和生产。

4.2.6　影响靶材内部残余应力场的因素

激光冲击强化实际上是激光诱导冲击波在靶材内部传播的过程，而冲击波的形成和冲击力受靶材表面的能量吸收层和外部约束层的影响。

1. 吸收层和约束层对靶材内部残余应力场的影响

由于金属材料对激光束的反射率非常高，造成了激光能量不能被很好地吸收。如果激光束直接辐射到金属靶材上，会烧蚀金属表面。为了解决上述问题，在靶材表面涂覆吸收层，该吸收层不仅提高了能量的吸收率，而且使激光束不直接辐射在靶材表面，避免了激光束对靶材表面的热损伤。刘世伟等人采用厚度不同的 86-1 黑漆作吸收层对激光冲击强化铝合金进行研究，结果发现吸收层的厚度有一个临界值：吸收层过厚，残余的吸收层会导致激光诱导冲击波受到损耗；吸收层太薄，会使激光束灼伤靶材表面。试验时能量吸收层厚度要稍大于临界值的厚度[12]。

约束层同样影响靶材内部的残余应力场。B.C.柯瓦林科研究了约束层对激光诱导冲击波的影响，发现约束层的存在可以使冲击波压力提高一个数量级，可以阻碍等离子体向外膨胀，提高了等离子体和激光能量的耦合作用，使激光诱导冲击波的波峰值大大提高[13]。江苏大学周建忠等人研究了约束层对激光冲击强化效果的影响，结果表明约束层材料的强度、刚度等性能对激光冲击强化效果有很大的影响。原因在于如果约束层刚度不够，过早地出现变形，约束层和吸收层之间的空间变大，降低了冲击波的峰值压力，降低了靶材内部的残余压应力值。除此之外，在一定范围内约束层厚度的增加，会提高靶材的激光冲击强化效果，但是过厚的约束层对激光的散射作用增强，不能有效利用激光能量，降低激光诱导冲击波的波峰压力[14,15]。

2. 激光参数对靶材内部残余应力场的影响

激光功率密度、激光脉冲能量和激光脉冲宽度等都是很重要的参数，它们之间满足以下关系式：

$$I_0 = \frac{E}{\pi r^2 \tau} \tag{4.16}$$

式中，I_0是激光功率密度；r是激光光斑半径；E是激光脉冲能量；τ是激光脉冲宽度。

根据式（4.16）可知，激光诱导冲击波的峰值压力P和功率密度I_0的平方根成正比关系，所以增大功率密度可以提高峰值压力P，靶材的塑性变形慢慢趋于饱和状态。残余压应力层深度与脉冲宽度成正比，所以脉冲宽度的增大可以提高激光冲击强化效果，但是当脉冲宽度增加到一定值时，会灼烧金属靶材表面。

4.3　激光冲击强化 H13 热作模具钢的数值模拟

通过 ABAQUS 软件模拟分析激光冲击 H13 以获得其内部残余应力场，步骤如下：首先，在 ABAQUS/Explicit 显式积分模块中实现激光诱导冲击波加载的动力学分析；其次，激光诱导冲击波作用结束后的静态回弹分析，在 ABAQUS/Standard 隐式算法模块中实现。

1. 几何模型的建立

激光光斑直径只有几毫米，激光冲击区的尺寸相比试样小得多，因此认为冲击试样为半无限三维实体。考虑到网格的划分和计算成本，模型选用四方体，尺寸为 20mm×20mm×5mm，如图 4.5a 所示，材料为 H13 热作模具钢。激光冲击强化路径如图 4.5b 所示。

实际试验中激光光斑形状为圆形，如图 4.6a 所示。如果模型也采用圆形光斑会造成网格的变形，势必会影响网格划分的精度，有限元分析时网格质量的好坏决定了分析结果的精准性。有限元模型采用 N 个正多边形来接近圆，例如，将圆形

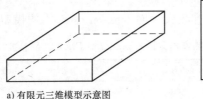

　　　a) 有限元三维模型示意图　　　　　　b) 激光冲击路径

图 4.5　几何模型及激光冲击路径

光斑简化为多个正方形单元构成的近似圆形的形状，如图 4.6b 所示。

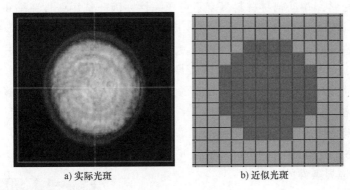

　　　　a) 实际光斑　　　　　　　　　　b) 近似光斑

图 4.6　圆形光斑示意图

2. 材料属性的设定

　　激光诱导冲击波在靶材内部传播时，靶材将发生 $10^6 \sim 10^7 \, \mathrm{s}^{-1}$ 的超高应变率，激光诱导冲击波作用下的动态响应是一个超高应变率和冷塑性变形过程，属于动态力学问题，因此激光诱导冲击波加载过程是非平衡态的。H13 热作模具钢化学成分见表 4.1。

表 4.1　H13 热作模具钢化学成分

化学成分	C	Si	Mn	Cr	Mo	V	P	S
质量分数(%)	0.32~0.45	0.80~1.2	0.2~0.50	4.7~5.50	1.10~1.75	0.80~1.20	≤0.03	≤0.03

　　1983 年，Johnson 和 Cook 等人提出了材料的 Johnson-Cook 黏塑性本构模型理论[16]，可以描述激光诱导冲击波在靶材内部传播时靶材产生塑性变形的情况。除此之外，该理论可以反映材料应变率、加工硬化现象和温度软化效应对靶材塑性变形的影响。根据 Johnson-Cook 提出的本构模型理论，有以下公式成立：

$$\sigma = \left(A + B\varepsilon^n \right) \left[1 + C\ln\left(\frac{\dot{\varepsilon}}{\dot{\varepsilon}_0}\right) \right] \left[1 - \left(T^* \right)^m \right] \tag{4.17}$$

式中，σ 为等效流动应力；ε 为等效塑性应变；$\dot{\varepsilon}$ 为等效塑性应变率；$\dot{\varepsilon}_0$ 为参考应变率；A 为静态屈服强度；B 为应变强化常数；C 为应变率灵敏度系数；n 为硬化指数；m 为温度灵敏度；T^* 为无量纲温度，$T^* = (T - T_0)(T_m - T_0)$；$T_0$ 为参考室温；T_m 为材料的熔点。H13 热作模具钢的 Johnson-Cook 本构模型参数见表 4.2。

表 4.2　H13 热作模具钢的 Johnson-Cook 模型参数

材料名称	A/MPa	B/MPa	C	n	m
H13	1000	1088	0.0048	0.6272	0

3. 单元类型的选择和模型网格的划分

激光冲击强化技术会使靶材发生塑性变形。由于在 ABAQUS 软件中要分析材料的弹塑性变形，并且靶材材料具有不可压缩性，因此选用线性减缩积分单元。由于激光冲击具有高度非线性和超高应变率的特性，而 C3D8R 单元具有控制"沙漏"的特性，并且适合用在高应变率、大应变和弹塑性分析的问题中，所以选择 C3D8R 单元，该单元是 8 节点六面体线性减缩积分单元。为了提高有限元分析结果的精度并且缩短分析时间，采用分区划分网格的方法，即激光冲击区和冲击影响区的网格细化，非激光冲击影响区的网格相对粗一些。由于本章模型尺寸比较小，有限元分析模型冲击区、冲击影响区和非冲击影响区的网格尺寸均为 0.2mm，模型的单元总数为 250000，划分好的有限元分析模型如图 4.7 所示。

4. 模型边界条件的设定

在进行激光冲击试验时需要将靶材固定住，模型底面各节点的所有自由度均要约束，采用 EN-CASTRE 全约束。激光冲击加载结束后需要在 ABAQUS/Standard 隐式算法模块中进行回弹分析。回弹目的是让受激光冲击处理的靶材内部的应力应变得到释放并趋于平衡状态，因此在回弹分析时模型底部的约束可以去除掉。

5. 冲击载荷的施加

当激光诱导冲击波的峰值压力 PP 在 2~2.5HEL

图 4.7　激光冲击网格模型

时，靶材的塑性变形达到饱和状态，此时的冲击强化效果也是最好的。由表 4.3 可知 H13 的静态屈服强度为 $\sigma_y^S = 1000$MPa，根据式 (4.14)，$\sigma_y^D = (2{\sim}4)\sigma_y^S$，取 $\sigma_y^D = 2\sigma_y^S = 2000$MPa。由式 (4.13) $\mathrm{HEL} = \dfrac{1-\nu}{1-2\nu}\sigma_y^D$，可得 HEL = 3380MPa = 3.38GPa，2HEL = 6.76GPa，2.5HEL = 8.45GPa，因此激光诱导冲击的峰值压力在 6.76~8.45GPa 时，激光冲击强化效果最好。

表 4.3　H13 热作模具钢的基本力学性能

密度 ρ/(t/mm³)	泊松比 ν	弹性模量 E/MPa	静态屈服强度 σ_y^S/MPa	动态屈服强度 σ_y^D/MPa
7.833×10^{-9}	0.29	2.1×10^5	1000	2000

根据 Fabbro. R 等人推导的激光诱导冲击波波峰值的公式（4.10），得到 $P_{max} = 0.01\sqrt{\dfrac{\alpha}{2\alpha+3}}\sqrt{Z}\sqrt{I_0}$；其中 P_{max} 为冲击波峰值压力（GPa）；$\alpha = 0.2$；由方程组（4.10）中的公式得出 $Z = \dfrac{2Z_1 Z_2}{Z_1 + Z_2}$，$Z_1 = Z_水 = 0.165\times10^6 g/(cm^2 \cdot s)$，$Z_2 = Z_{H13} = 3.958\times10^6 g/(cm^2 \cdot s)$；$I_0$ 为激光功率密度，单位为 GW/cm²。由式（4.12）$I_0 = \dfrac{E}{\pi r^2 \tau}$，其中 $\tau = 20ns$，所以有 $I_0 = \dfrac{E}{\pi r^2 \tau} = 1.6\dfrac{E}{r^2}$；代入得到：

$$P_{max} = 1.8\sqrt{\frac{E}{r^2}} \tag{4.18}$$

6. 激光诱导冲击波的空间分布

Yao 等人认为激光束能量在光斑覆盖范围内呈高斯分布[17]。Zhang 等人也研究了激光光斑范围内冲击波的空间分布情况[18]，并得到激光诱导冲击波在三维空间的分布图，如图 4.8 所示。

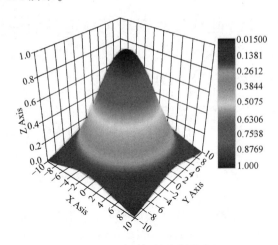

图 4.8　压力波三维高斯分布

与图 4.8 对应的公式为

$$P(r,t) = P(t)\exp\left(-\frac{r^2}{2R^2}\right) \tag{4.19}$$

式中，r 为光斑范围内的任意点到激光光斑中心的距离；R 为激光光斑半径；$P(t)$ 为光斑中心处的峰值压力；$P(r, t)$ 为 t 时刻距离光斑中心距离为 r 处的压力。

7. 激光诱导冲击波的加载曲线

激光诱导冲击波的加载曲线和激光脉冲信号的曲线很接近。根据激光脉冲信号的分布，对脉冲信号的分布曲线进行分段，采取逐步逼近的方法完成激光诱导冲击波的加载。Fabbro 等人研究了在约束模式下的激光诱导冲击波的加载时间约为激光脉宽的 2~4 倍[19]，这里模拟选用的脉宽 $\tau = 20\mathrm{ns}$，所以冲击波作用时间约为 60ns（取脉宽的 3 倍）。在 ABAQUS 软件中的 LOAD 载荷定义模块中实现，通过 Amplitude 幅值工具定义不同时刻下的冲击波压力值的大小，如图 4.9 所示。

8. 求解控制

为了在 ABAQUS 软件中准确获得靶材经激光冲击强化的动态响应结果，显式动态求解时间的设置必须要大于冲击波持续作用的时间。这是因为激光诱导冲击波在靶材内部传播时会出现波的反射以及应力波之间的相互影响，当求解时间设置足够长时，靶材的动能会逐渐减小到零并趋于稳定状态，这时靶材内部的应力状态也基本保持稳定状态，靶材内部不会再发生塑性变形。这里模拟的显式动态求解时间设置为 4000ns。

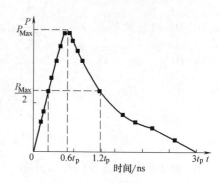

图 4.9　激光冲击波载荷压力加载曲线

4.4　激光冲击 H13 热作模具钢残余应力场的分析

4.4.1　激光冲击次数对残余应力场的影响

激光脉冲能量 $E = 15\mathrm{J}$，激光光斑直径为 2mm，根据式（4.18）可得冲击波峰值压力约为 7GPa。由前面计算知道：当激光诱导冲击波峰值压力为 6.76~8.45GPa 时，激光冲击 H13 效果最好。所以选用 $P = 7\mathrm{GPa}$ 进行激光冲击数值模拟是合理的，冲击次数 N 分别为 1、2、3、4。

1. 冲击 1 次的结果分析

图 4.10 为激光冲击次数为 1 次时表面 S11（X 轴向的应力）的残余应力场云图，可以看到在激光冲击加载中心区域 X 轴向的残余压应力 S11 最高可达 692MPa，随着偏离冲击中心区域距离的增大，残余压应力随之减小。为了研究 S11 沿 X 轴方向不同位置的大小和分布的规律，在 ABAQUS 中定义路径 path-1，如图 4.11a 所示，提取 path-1 路径上所有节点的数据，得到 S11 沿 X 轴方向上每个节点的位置-应力曲线，如图 4.11b 所示，X = 10mm 是激光冲击中心位置，从图中可以看出该位置的残余压力值达到最大值，约为 692MPa。根据图 4.11b 可得出规律：激光冲击 1 次使 S11 沿 X 轴方向的最大残余压应力发生在激光冲击区域中心，离冲击中心越远，残余压应力越小，随着距离的不断增大残余压应力逐渐趋于零。

图 4.12a 所示为激光冲击次数为 1 次时 S11 沿 Y 轴方向定义的路径 path-2，提取 path-2 上节点的数据并生成位置-应力曲线（见图 4.12b）。通过位置-应力曲线可以得到：在激光冲击区域中心（Y = 10mm）残余压应力达到最大，随着离冲击

中心距离的增大，残余压应力逐渐减小至零，随着距离的继续增大压应力转变为拉应力并增加到一幅值，随后拉应力逐渐减小并慢慢趋于零。

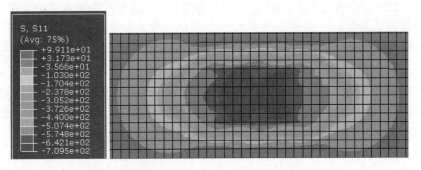

图 4.10　激光冲击 1 次 S11 表面残余应力场云图

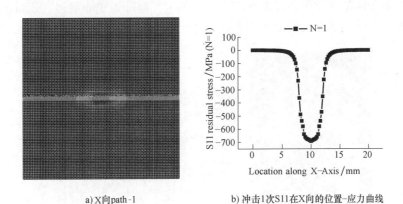

a) X向path-1　　　　　　b) 冲击1次S11在X向的位置-应力曲线

图 4.11　路径 path-1 及位置-应力曲线

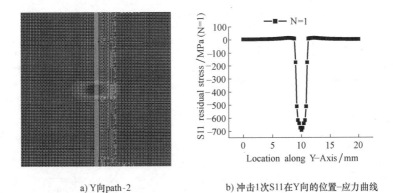

a) Y向path-2　　　　　　b) 冲击1次S11在Y向的位置-应力曲线

图 4.12　路径 path-2 及位置-应力曲线

　　图 4.13 为激光冲击次数为 1 次时表面 S22（Y 轴向的应力）的残余应力场云图，最大残余压应力可达 620MPa，同样选择 path-1，提取 path-1 路径上所有节点

的数据，可得到冲击 1 次 S22 沿 X 轴方向上每个节点的位置-应力曲线，如图 4.14a 所示。从图 4.14a 中可以明显看出在激光冲击中心区域残余压应力存在一定的波动，并且最大残余压应力不在激光冲击区的正中心，这是因为在激光冲击强化时存在着"残余应力空洞"现象。残余应力空洞是由于在激光光斑边缘形成的稀疏波向激光冲击中心传播，导致在靶材内部产生反向加载，材料产生反向变形，造成了激光冲击中心位置残余压应力值的减小。因此根据图 4.14a，可得出规律：由于残余应力空洞的影响，在激光冲击 1 次后，S22 沿 X 轴方向的残余压应力在冲击中心（X = 10mm）附近存在一定的波动，导致最大残余压应力位置偏离激光冲击中心，位于距激光冲击中心 1mm 的两侧，并且在远离冲击区域时残余应力由压应力转变为具有一定峰值的拉应力，随后拉应力逐渐减小并趋于零。

提取 path-2 上节点的数据并生成位置-应力曲线（见图 4.14b），可以得到如下规律：在激光冲击区域中心残余压应力达到最大，离冲击中心越远，残余压应力越小，随着距离的不断增大残余压应力逐渐趋于零。

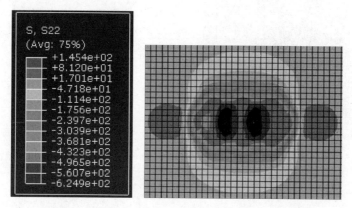

图 4.13　激光冲击 1 次 S22 表面的残余应力场云图

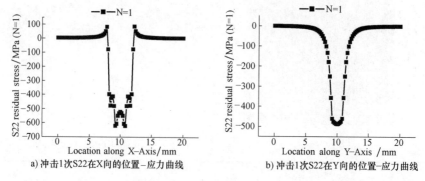

a) 冲击1次S22在X向的位置-应力曲线　　b) 冲击1次S22在Y向的位置-应力曲线

图 4.14　S22 的位置-应力曲线

图 4.15 为激光冲击 1 次时 S11 沿 Z 向的残余应力场分布云图，可以看到随着

深度的增大残余压应力不断减小。沿 Z 轴定义 path-3，如图 4.16a 所示，提取 path-3 节点的数据，得到 S11 沿 Z 向的位置-应力曲线，如图 4.16b 所示。从图 4.16b 可以明显看到残余应力大小的分布规律，在材料表面残余压应力最大，随着深度不断增加残余压应力不断减小，在深度为 0.4mm 时压应力转变为拉应力，在 0.4 ~ 0.8mm 深度范围内拉应力随着深度的增加而增大，当拉应力增加到最大后，随着深度的增大，拉应力又逐渐减小并逐渐趋于零。

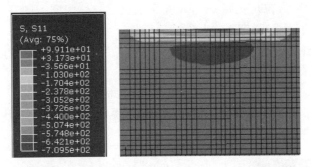

图 4.15　激光冲击 1 次 S11 深度方向残余应力场云图

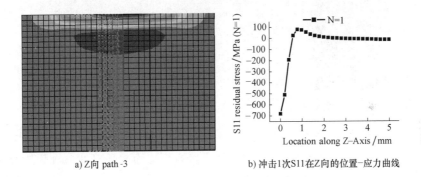

a) Z 向 path-3　　　　　　　b) 冲击1次S11在Z向的位置-应力曲线

图 4.16　Z 向 path-3 及位置-应力曲线

图 4.17 为激光冲击 1 次时 S22 沿 Z 向的残余应力场分布云图。选用路径 path-

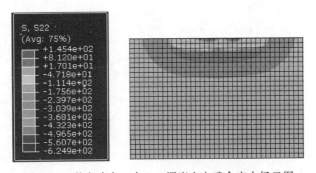

图 4.17　激光冲击 1 次 S22 深度方向残余应力场云图

3，得到 S22 沿 Z 向的位置-应力曲线，如图
4.18 所示。由图 4.18 得出激光冲击 1 次 S22 沿
Z 轴方向残余应力分布规律：在材料表面残余
压应力最大，随着深度不断增加残余压应力不
断减小，在深度为 0.3mm 时压应力转变为拉应
力，在 0.3～0.8mm 深度范围内拉应力随着深
度的增加而增大，当拉应力增加到最大后，随
着深度的增大拉应力又逐渐减小并逐渐趋于零。

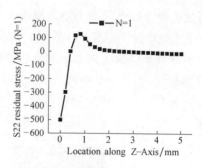

图 4.18　冲击 1 次 S22 在 Z 向的
位置-应力曲线

2. 激光冲击 2 次的分析结果

图 4.19 是激光冲击加载 2 次时 S11 在表面
的残余应力场云图。结果显示比冲击 1 次得到的最大残余压应力大了许多，最大可
达 743MPa，相比冲击 1 次 S11 提高了 7.4%，说明 2 次冲击的效果比 1 次提高了
很多。

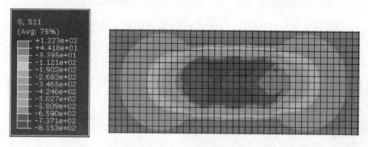

图 4.19　激光冲击 2 次 S11 表面残余应力场云图

图 4.20 为激光冲击次数为 2 次时表面 S22 的残余应力场云图，残余应力场的
分布范围明显比冲击 1 次时扩大很多，最大残余压应力也随着冲击次数的增加而增
大了，相比冲击 1 次 S22 提高了 6.5%，可以看出冲击 2 次在两端形成的残余拉应
力区域比冲击 1 次时缩小了，再次说明激光冲击次数从 1 次增加到 2 次，冲击效果
变好了；但是残余应力空洞现象还是存在的。

提取 path-3 节点的数据，可得到
S11 沿 Z 向的位置-应力曲线（见图
4.27a），规律与冲击 1 次时相似。但
是冲击 2 次时的残余压应力层增大了，
在深度为 0.6mm 时压应力转变为拉应
力，在 0.6～0.9mm 范围内拉应力随
着深度的增加而增大，当拉应力增加
到最大之后，随着深度的增大，拉应
力又逐渐减小并逐渐趋于零。

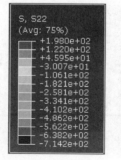
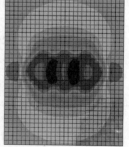

图 4.20　激光冲击 2 次 S22 表面残余应力场云图

3. 激光冲击3次的分析结果

图 4.21 是激光冲击加载 3 次时 S11 在表面的残余应力场云图，冲击 3 次时 S11 沿 X 轴方向上每个节点的位置-应力曲线（见图 4.25a），得到最大残余压应力约为 765MPa，且位于激光冲击区域中心位置（X=10mm），比冲击 2 次时提高约 4.3%。

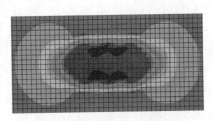

图 4.21　激光冲击 3 次 S11 表面残余应力场云图

图 4.22 为激光冲击次数为 3 次时表面 S22 的残余应力场云图，残余应力场的分布范围明显比冲击 2 次时扩大很多，最大残余压应力也随着冲击次数的增加而增大了，可以看出两端的残余拉应力区域比冲击 2 次时增大了，但是比冲击 1 次时的区域还是小很多，而且残余拉应力保持在较低的水平，冲击 3 次的综合效果优于冲击 2 次的效果；残余应力空洞现象还是存在的。

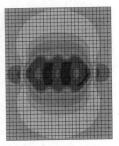

图 4.22　激光冲击 3 次 S22 表面残余应力场云图

4. 激光冲击4次的分析结果

图 4.23 是激光冲击加载 4 次时 S11 在表面的残余应力场云图。从云图中可以看到随着冲击次数增加，S11 的值也随之增大，说明激光冲击 4 次的效果优于 3 次的冲击效果，但是最大残余压应力的增加幅值却不大，仅比冲击 3 次时提高约 0.7%，说明随着激光冲击次数的增加最大残余压应力逐渐趋于饱和状态。从云图

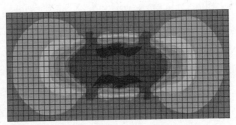

图 4.23　激光冲击 4 次 S11 表面残余应力场云图

中可见冲击 4 次时有 4 处集中拉应力出现，在很大程度上削弱了激光冲击强化的效果，因此并不是激光冲击次数越多激光冲击效果越好。

图 4.24 为激光冲击次数为 4 次时表面 S22 的残余应力场云图，可以看出两端的残余拉应力区域和冲击 3 次时接近，但是残余拉应力的值却保持在较高的水平；冲击 4 次时 S22 沿 X 轴方向上每个节点的位置-应力曲线（见图 4.25b），残余压应力变化规律和冲击 3 次时几乎相同。激光冲击次数为 4 次时 S22 沿 Y 轴方向的位置-应力曲线（见图 4.26b），其分布规律和冲击 2 次、3 次时相同，但是冲击 4 次时受残余应力空洞现象的影响更大，说明其效果差于冲击 3 次。

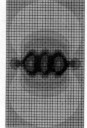

图 4.24　激光冲击 4 次 S22
表面残余应力场云图

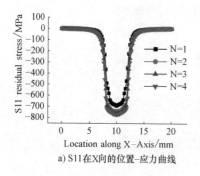

a) S11 在 X 向的位置-应力曲线

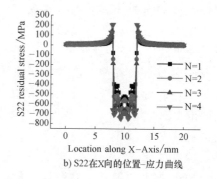

b) S22 在 X 向的位置-应力曲线

图 4.25　X 向的位置-应力曲线

冲击 4 次 S11 沿 Z 向的位置-应力曲线（见图 4.27a），结果规律与冲击 3 次时相似，冲击 4 次时获得残余压应力层深度由 0.8mm 增加到 0.82mm，因此在激光冲击 3 次时残余压应力层深度已趋于饱和状态。冲击 4 次 S22 沿 Z 向的位置-应力曲线（见图 4.27b），相比冲击 3 次时冲击 4 次获得残余压应力仅提高了 1.7%，由此可见在激光冲击 3 次时残余压应力已趋于饱和状态。

5. 激光冲击次数的综合对比分析

如图 4.25a 和 4.25b 所示，S11 沿 X 轴方向的最大残余压应力随着激光冲击次数的增大而增大，冲击 2 次比冲击 1 次提高了 7.3%，冲击 3 次比冲击 2 次提高了 4.3%，冲击 4 次比冲击 3 次提高了 0.7%，结果表明随着激光冲击次数的增加，S11 沿 X 轴方向的最大残余压应力逐渐趋于饱和状态，并且在激光冲击 3 次时趋于饱和稳定。S22 沿 X 轴方向的最大残余压应力也是随着激光冲击次数的增大而增大，在冲击中心存在着"残余应力空洞"现象，且在冲击 3 次时受残余应力空洞现象影响最弱。

如图 4.26a 和图 4.26b 所示，S11 沿 Y 轴方向的最大残余压应力随着激光冲击

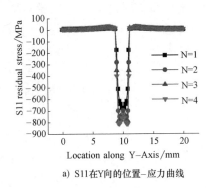

a) S11在Y向的位置-应力曲线

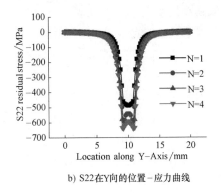

b) S22在Y向的位置-应力曲线

图 4.26　Y向的位置-应力曲线

次数的增大而增大，并在冲击 3 次时趋于饱和稳定状态；冲击 1 次时的最大残余压应力位于冲击中心，但是冲击次数为 2~4 次时在冲击中心存在着"残余应力空洞"现象，且在冲击 3 次时受残余应力空洞现象影响最弱。S22 沿 Y 轴方向的最大残余压应力也是随着激光冲击次数的增大而增大，并在冲击 3 次时趋于饱和稳定状态，且在冲击 3 次时受残余应力空洞现象影响最弱。

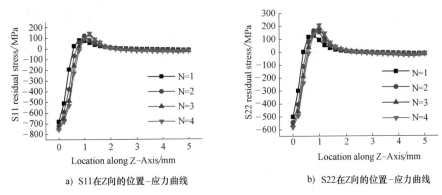

a) S11在Z向的位置-应力曲线　　　　　　　　b) S22在Z向的位置-应力曲线

图 4.27　Z 向的位置-应力曲线

如图 4.27a 和图 4.27b 所示，沿 Z 轴方向的最大残余压应力随着激光冲击次数的增大而增大，冲击 2 次比冲击 1 次提高了 5.9%，冲击 3 次比冲击 2 次提高了 3.5%，冲击 4 次比冲击 3 次提高了 1.3%，表明在激光冲击 3 次时 S11 沿 Z 轴方向的最大残余压应力趋于饱和状态；根据获得的残余应力层深度 1 次 0.4mm，2 次 0.6mm，3 次 0.8mm，4 次 0.82mm，表明在激光冲击 3 次时 S11 沿 Z 轴的残余应力层深度达到饱和。S22 沿 Z 轴方向的分布规律同样说明了激光冲击 3 次时的效果最好。

4.4.2　激光功率密度对残余应力场的影响

根据式（4.11）得到激光最大峰值压力和功率密度之间的关系为：$P_{max} = 1.4\sqrt{I_0}$，

选取功率密度为 16GW/cm²、25GW/cm²、30GW/cm² 和 42GW/cm²，研究激光功率密度对表面残余压应力场的影响，四种功率密度对应的峰值压力分别为 6.3GPa、7GPa、7.7GPa 和 9.07GPa，光斑直径为 2mm，冲击次数为 1 次，其他参数保持不变。

图 4.28a 显示了不同功率密度下 S11 沿 X 轴向的残余应力场分布曲线，可以看出在 0~1mm 光斑半径范围内表面残余压应力分布比较均匀，功率密度由 16GW/cm² 增加到 25 GW/cm² 时，对应的峰值压力由 6.3GPa 增加到 7GPa，S11 沿 X 向的最大残余压应力由 427MPa 增加到 468MPa，提高了 9.6%；功率密度由 25GW/cm² 增加到 30GW/cm² 时，对应的峰值压力由 7GPa 增加到 7.7GPa，S11 沿 X 向的最大残余压应力由 468MPa 增加到 490MPa，提高了 4.7%；随着功率密度的不断增大，对应的表面最大残余压应力提高的幅值逐渐降低。而功率密度由 30GW/cm² 增加到 42GW/cm² 时，对应的峰值压力由 7.7GPa 增加到 9.07GPa，S11 沿 X 向的最大残余压应力反而降低了。由于 H13 材料的最佳峰值压力在 6.76~8.45GPa 范围之间，对应的激光功率范围为 23~36GW/cm²，当峰值压力低于 6.76GPa 时冲击未达到饱和，高于 8.45GPa 时材料表面由于表面稀疏波的影响而造成表面残余压应力的降低。

图 4.28b 显示了不同功率密度下 S11 沿 Z 轴向的残余应力场分布曲线，功率密度由 16GW/cm² 增加到 25 GW/cm² 时，残余应力层深度由 0.4mm 增加到 0.7mm，提高了 75%；功率密度由 25GW/cm² 增加到 30GW/cm² 时，残余应力层深度由 0.7mm 增加到 0.85mm，提高了 21%；功率密度由 30GW/cm² 增加到 42GW/cm² 时，残余应力层深度由 0.85mm 增加到 0.9mm，提高了 6%。可以看出随着激光功率密度的增大残余应力层深度也越大，但是增加的幅度会逐渐减小。在功率密度为 16GW/cm²、25GW/cm²、30GW/cm² 时深度方向上最大残余压应力都位于 Z=0 处，功率密度 42GW/cm² 时得到最大残余压应力位于 Z=0.1mm 处，并且小于功率密度 30GW/cm² 时的最大残余压应力，最大残余压应力降低是由于激光冲击峰值压力大

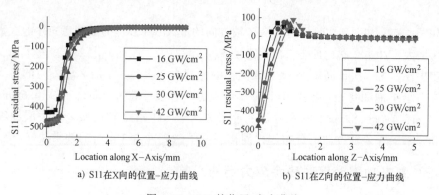

a) S11在X向的位置-应力曲线　　　　b) S11在Z向的位置-应力曲线

图 4.28　S11 的位置-应力曲线

于 2.5HEL 时产生的表面稀疏波造成的。

4.5　激光冲击 H13 热作模具钢的试验研究

4.5.1　试验材料和激光冲击设备

1. 试验材料

试验材料选用 H13 热作模具钢。将 H13 材料的挤压模具进行线切割，切割尺寸为 20mm×20mm×5mm。切割完后取 4 块试样，用清水冲洗，再用酒精清洗，然后用丙酮进行超声波清洗。烘干之后按顺序由小到大，分别采用粒度号为 500、800、1000、1500 的砂纸进行打磨，最后抛光（ASIDA-YM22 抛光机）。

2. 激光冲击设备

采用西安某公司的 YD60-M165 型激光器，并配有 SGR-60-II 型双回路高能量灯泵浦固体激光器。该激光冲击成套装备中采用了 6 自由度的机器人手臂和双回路光路系统，可以实现对 H13 试样的精准定位和激光冲击，如图 4.29 所示。激光器系统内部光路如图 4.30 所示。激光器性能参数见表 4.4。

a) 机器人

b) 光路系统

c) 固体激光器

d) 激光冲击试样

图 4.29　激光冲击装备

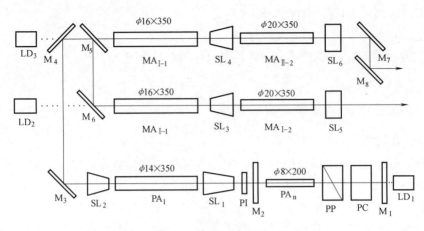

图 4.30　激光系统内部光路

表 4.4　激光器性能参数

激光参数	值	激光参数	值
脉冲波长/nm	1064	工作重复频率/Hz	0.5
脉宽/ns	23	输出激光脉冲能量起伏	≤±4%
光斑直径/mm	2~13	功率密度起伏	≤±5%
功率密度/(W/cm²)	≥1×109	激光输出光场	均匀稳定
脉冲能量/J	≤45.9		

　　在激光冲击试验过程中，脉冲能量为15J，光斑直径为2mm，光斑搭接方式为半圆搭接，冲击次数为1、2、3、4次，约束层为2mm的水流层。选择水流作为约束层不仅可以起到对等离子体的约束作用，还可以冲洗掉激光冲击过程中产生的污染物。能量吸收层为0.12mm的黑漆，要注意的是在粘贴黑漆之前试样表面必须要用无水酒精清洗干净。

4.5.2　表面形貌和表面粗糙度测试

　　采用WYKO非接触光学轮廓仪（见图4.31）探究激光冲击后试样的微观形貌，经激光冲击1次、2次、3次、4次之后，分别在试样相同位置观测表面微观形貌的变化，如图4.32所示。图4.32a、b、c、d分别对应激光冲击次数为1次、2次、3次、4次时的微观形貌。冲击1次时观测区域最大翘曲为2.5μm，冲击2次时为4.7μm，冲击3次时为

图 4.31　WYKO非接触光学轮廓仪

4.4μm，冲击 4 次时为 5.7μm。冲击 3 次时观测区域的平面度大于冲击 1 次，却小于冲击 2 次和 4 次。

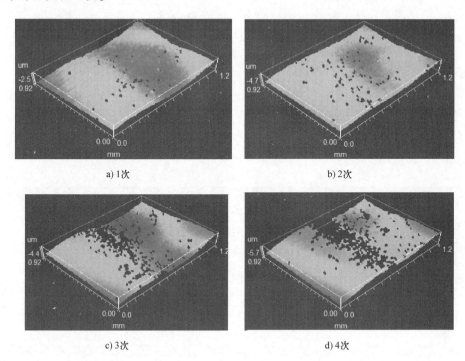

a) 1次　　　　　　　　　　　　b) 2次

c) 3次　　　　　　　　　　　　d) 4次

图 4.32　试样表面微观形貌

采用 DSX500 光学数码显微镜（见图 4.33）测量试样的表面高度值，然后再测量试样的表面粗糙度，冲击试样如图 4.34 所示。表面高度值从冲击区左侧边缘沿 X 轴向开始测量，测量范围约为 3000μm。0~1500μm 为冲击区边缘部位，从图 4.35 中可以看到在 0~1500μm 范围内表面凹凸幅值比较大，是因为超高的冲击波压力使激光冲击边缘处的材料发生塑性变形，而未冲击区域的材料会阻碍材料的变形移动，从而导致冲击边缘区的翘曲现象。在 1500~3000μm 的冲击区域内，图

图 4.33　DSX500 光学数码显微镜

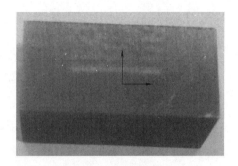

图 4.34　激光冲击试样

4.35c 最平滑，说明激光冲击 3 次获得表面平整度最好。试样的表面粗糙度测量结果：冲击 1 次时为 0.14μm，2 次时为 0.23μm，3 次时为 0.16μm，4 次时为 0.35μm，从测量结果中发现在激光冲击 1 次时表面粗糙度值最低，但是冲击 1 次在材料表层获得残余压应力及残余压应力层深度都较小，冲击 3 次的表面粗糙度值

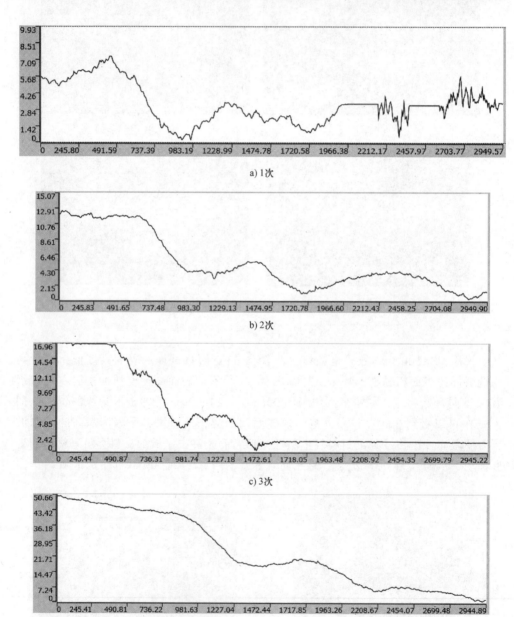

a) 1次

b) 2次

c) 3次

d) 4次

图 4.35　表面高度值

相比 2 次和 4 次较小，且根据模拟结果知道冲击 3 次后不仅最大残余压应力值和压应力层深度达到饱和，且可以获得较高的表面平整度，获得的材料表面粗糙度在允许范围内。

4.5.3　表层微观组织分析

H13 试样经激光冲击强化后，在材料表层产生剧烈的塑性变形，表层组织发生晶粒细化和大量位错等现象。图 4.36 所示是 H13 基体显微组织和经激光冲击后的组织变化情况。从图 4.36b 中明显看到激光冲击 1 次使晶粒细化了；激光冲击 2 次

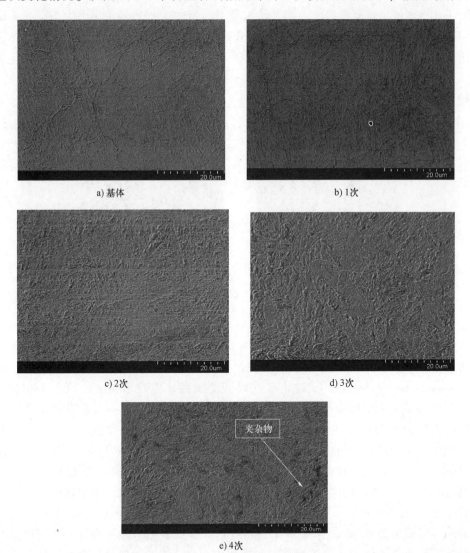

图 4.36　H13 显微组织

后晶粒再度细化并出现位错，如图 4.36c 所示，但是激光冲击 2 次后没有看到明显的晶界；激光冲击 3 次出现了大量的位错现象，如图 4.36d 所示；激光冲击 4 次的显微组织和冲击 3 次很相似，从图 4.36e 中看到冲击 4 次后组织出现了新的夹杂物，对冲击强化的效果有一定的影响。由于激光冲击强化使 H13 热作模具钢表层组织晶粒细化并产生大量的位错，使得材料表层的硬度和强度提高，同时也提高了材料的耐磨性。

4.5.4 残余应力测试

采用 X-350A 型 X 射线应力测定仪测量 H13 冲击表面的残余应力大小，并采用 XF-1 型电解抛光机对 H13 进行深度方向残余应力值的测量，如图 4.37 所示。光管高压 20kV，光管电流 5.0mA，准直管直径 $\phi1mm$，扫描起始角 161°，扫描终止角 152°，扫描步距 0.10°，计数时间 0.5s，Crkα 辐射，测量方法为侧倾固定 Ψ 法，侧倾角 Ψ 分别取 0°，24.2°，35.3°，45°。

a) X-350A 型 X 射线应力测定仪   b) XF-1 型电解抛光机

图 4.37 试验设备

图 4.38 所示为 S11 沿 X 轴表面方向和 Z 轴深度方向试验值和模拟值的比较。冲击 1 次时实测表面最大残余压应力值为 670MPa，模拟得到的最大表面残余压应力为 692MPa，如图 4.38a 所示；试验得到残余压应力层深度约为 0.5mm，模拟值为 0.4mm，如图 4.38b 所示；冲击 2 次时实测表面最大残余压应力值为 730MPa，模拟得到的最大表面残余压应力为 743MPa，如图 4.38c 所示；试验得到残余压应力层深度约为 0.75mm，模拟值为 0.6mm，如图 4.38d 所示；冲击 3 次时实测表面最大残余压应力值为 750MPa，模拟得到的最大表面残余压应力为 765MPa，如图 4.38e 所示；试验得到残余压应力层深度约为 0.87mm，模拟值为 0.8mm，如图 4.38f 所示；冲击 4 次时实测表面最大残余压应力值为 760MPa，模拟得到的最大表面残余压应力为 770MPa，如图 4.38g 所示；试验得到残余压应力层深度约为 0.9mm，模拟值为 0.82mm，如图 4.38h 所示。从试验值和模拟值的对比中发现，S11 沿 X 轴表面方向和 Z 轴深度方向的残余应力场分布的试验结果和模拟结果之间有很好的一致性。

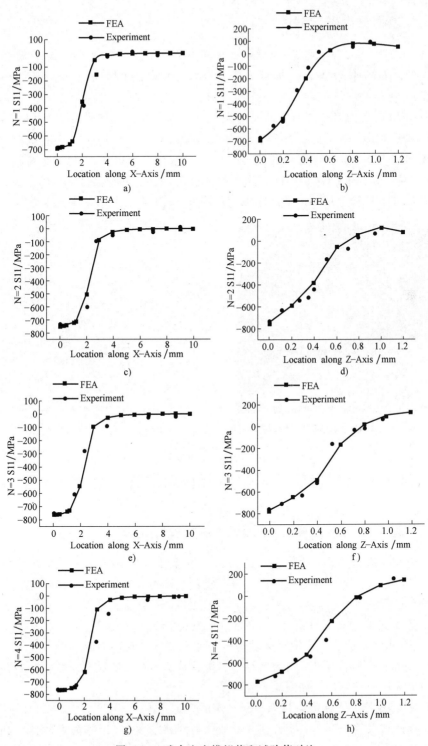

图 4.38　残余应力模拟值和试验值对比

4.5.5 表面显微硬度测试

采用 XHD-1000TM 型数字显微硬度仪对激光冲击处理后的 H13 试样进行显微硬度测量，如图 4.39 所示。加载力为 300gf，加载时间为 10s，两点之间的间距为 70μm。

图 4.40 所示为 H13 试样沿深度方向硬度分布规律，基体硬度约为 513HV。冲击 1 次时表面最大硬度测量值约为 650HV，硬度提高了 26.7%；冲击 2 次时测量值约为 800HV，比 1 次冲击提高了 23%；冲击 3 次时约为 890HV，比 2 次冲击提高了 11.3%；冲击 4 次时约为 920HV，比 3 次冲击提高了 3.4%。从图 4.40 可以得到激光冲击对 H13 试样表层硬度的影响深度约为 0.9mm。

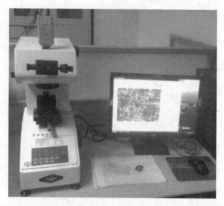

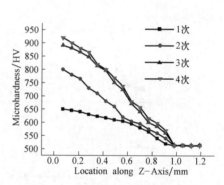

图 4.39 XHD-1000TM 型数字显微硬度仪　　　图 4.40 H13 深度方向硬度分布

4.6 挤压模具的激光冲击数值分析和试验研究[20]

4.6.1 激光冲击挤压模具残余应力场的数值分析

前面的模拟和试验，验证了数值分析的可靠性。为了研究 H13 挤压模具经激光冲击后的效果，即研究激光冲击对挤压模具耐磨性以及使用寿命的影响，首先对挤压模具进行激光冲击数值分析，然后根据数值分析结果指导实际的试验。模拟参数选用前面获得的最佳参数，$E = 15$J，光斑直径为 2mm，冲击次数为 3 次。图 4.41a 是冲击区域图，其中深色区域为激光冲击区域，圆环为激光光斑且为半圆搭接。由于挤压模具模型尺寸很大，综合考虑计算成本和计算精度，数值分析模型取包含冲击区域的一部分，如图 4.41b 所示。

1. 挤压模具冲击模型网格划分和光斑的确定

全局网格尺寸为 0.2mm，单元类型选择 C3D8R，网格形状为六面体网格，模型网格的数量为 177000 个。由于网格形状为六面体，选择圆形光斑必然造成光斑

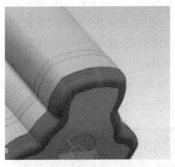

a) 冲击区域示意图

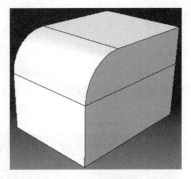

b) 3D冲击模型

图 4.41　冲击区域及模型

处大量的网格变形，造成精度的严重下降，采用逼近的网格取代圆形网格。图 4.42a 为单个光斑示意图，图 4.42b 为连续光斑示意图，很好地解决了由于圆形光斑造成的计算误差大的问题。

a) 单个光斑

b) 连续光斑

图 4.42　光斑示意图

2. 挤压模具数值分析结果

图 4.43 为挤压模具表面残余应力场云图，挤压模具表面产生了高于 650MPa

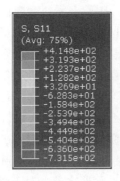

图 4.43　圆角表面云图

的残余压应力，表面很大范围都处在压应力状态。图 4.44 为圆角冲击处深度方向的残余应力场云图，图 4.45 为圆角处的残余应力沿深度方向的分布曲线图，显示圆角处残余压应力层深度约为 0.8mm。挤压模具的数值分析结果表明在模具表层可以获得很大的残余压应力，深度值高达 0.8mm。表明按本模拟选取的激光冲击参数进行挤压模具表面冲击强化具有很好的效果，即可以提高挤压模具耐磨性和使用寿命。

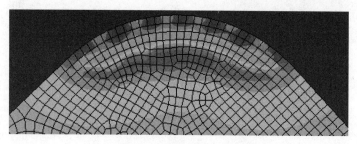

图 4.44　圆角深度云图

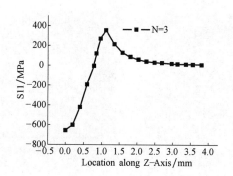

图 4.45　圆角残余应力沿深度方向的变化曲线

4.6.2　挤压模具的激光冲击试验

实际激光冲击参数为 $E=15J$，$\tau=23ns$，$D=2mm$，搭接率 50%，$N=3$。由于该挤压模具的处理部位是由 12 个圆弧面连接起来的，基于传统的贴膜保护激光冲击强化工艺难以实施，最大的难点在小圆圆弧段和小圆和大圆的连接圆弧段，无法通过贴膜完成紧密贴合。鉴于该模具是铁基合金材料，属于对纳秒脉冲激光烧蚀趋肤效应不敏感的材料，所以对这个零件确定了无保护层激光冲击强化方案。模具顶端圆角薄弱区的圆弧表面是疲劳的集中部位，圆弧面连接的柱面和截面是次薄弱区，为此设计激光以 45°角入射，即激光在柱面和截面上都是 45°角入射，而圆弧面中心是垂直入射。这样的冲击方式可以保证圆弧段的激光功率密度最高，同时柱面和截面由于激光光斑的投影面积增大，所以强化效果可以有一个由强到弱的过渡变化，避免在柱面和截面产生应力集中的强化区边界。除此之外，对于无保护层激光冲击强化会在金属表面残留一层激光烧蚀层，对于铁基合金和镍基合金材料，激光烧蚀层厚度不超过 $10\mu m$，所以在激光冲击强化后采用了无砂工业百洁布进行了打磨处理，直至去除激光烧蚀层。图 4.46 分别为冲击前和冲击后的实物图。

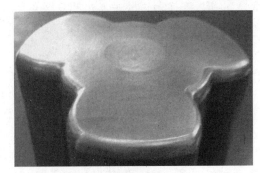

a) 激光冲击前　　　　　　　　　　　　　b) 激光冲击后

图 4.46　激光冲击前后对比

4.6.3　挤压模具激光冲击前后硬度和表面粗糙度对比

挤压模具冲击前进行表面硬度的测量，选择 4 个位置，每个位置处测两次，见表 4.5，平均硬度为 50HRC。激光冲击后在相同的 4 个位置进行测量，同样每个位置测量两次，测得平均硬度为 55HRC。结果表明激光强化后挤压模具硬度提高了约 10%。

表 4.6 列出了激光冲击前和冲击后模具表面粗糙度的测量结果，冲击前约为 $0.08\mu m$，冲击后的表面粗糙度约为 $0.12\mu m$，虽然激光冲击使模具表面粗糙度有所提高，但是还是处在较低的水平，由此可见激光冲击对模具表面粗糙度的影响很小。

表 4.5　激光冲击前后的表面硬度对比

冲击前的硬度			冲击后的硬度		
位置	硬度 HRC		位置	硬度 HRC	
1	49.5	49	1	55	55.5
2	50	50	2	54.5	55
3	50.5	50	3	54.5	55
4	49.5	51	4	55.5	54.5

表 4.6　激光冲击前后的表面粗糙度对比

冲击前		冲击后	
位置	表面粗糙度/μm	位置	表面粗糙度/μm
1	0.08	1	0.12
2	0.08	2	0.10
3	0.08	3	0.12

4.6.4 挤压模具激光冲击前后的磨损量对比

挤压模具顶端圆角部分最薄弱，属于最易磨损区，随着磨损量的增大，圆角半径也逐渐增大，所以在实际试验中通过测量圆角的半径来反应挤压模具的磨损量。图 4.47 所示为挤压模具顶端圆角的轮廓，图上 1、2、3、4、5、6 分别是圆角上不同位置的半径测量点。

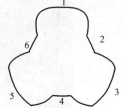

图 4.47　挤压模具顶端圆角的测量点

1. 未冲击挤压模具磨损试验研究

为了定量研究激光冲击强化后挤压模具在实际工作中耐磨损性能和使用寿命的提高情况，首先对未激光冲击强化的挤压模具进行研究，分别在未冲击挤压模具工作次数为 0 次、1620 次、3320 次、5120 次、6175 次时对其六个位置的磨损量实施测量。检测设备采用 Mitutoyo SV-C3200 型轮廓仪，结果见表 4.7。

表 4.7　未冲击模具的磨损量测量结果

序号	0 次	1620 次	3320 次	5120 次	6175 次
1	4.5110	4.6135	4.8864	5.1074	5.4064
2	4.4780	4.6257	4.8973	5.0795	5.5261
3	4.5299	4.7891	5.0057	5.3046	5.5993
4	4.5564	4.9123	5.1086	5.2791	5.5704
5	4.3574	4.5574	4.9044	5.1483	5.5892
6	4.3463	4.5692	4.8461	5.0882	5.4827

2. 激光冲击强化后挤压模具磨损试验研究

为了研究激光冲击引起模具尺寸的变化对产品精度的影响，假定挤压模具在激光冲击前后 0 次的半径值都相同的，只需要测量模具在使用次数为 1620 次、3320 次、5120 次、6175 次时六个测量点半径值的大小，结果见表 4.8。

表 4.8　冲击强化模具的磨损量测量结果

序号	0 次	1620 次	3320 次	5120 次	6175 次
1	4.5110	4.5386	4.7486	4.8541	4.8991
2	4.4780	4.5345	4.7118	4.8210	4.9910
3	4.5299	4.7679	4.9108	5.0550	5.0975
4	4.5564	4.7738	4.8814	4.9515	5.1032
5	4.3574	4.4248	4.4546	4.5077	4.8077
6	4.3463	4.4334	4.4881	4.5049	4.5577

根据表 4.8 所示的试验结果记录，未冲击模具在工作次数达到 4000 次左右时，由于磨损严重需要修模，如图 4.48a 所示；而根据表 4.8 所示的试验结果，发现经

激光冲击后的模具在工作次数达到 6175 次时才需进行修模，如图 4.48b 所示，比未冲击挤压模具寿命提高了约 54.4%。结果表明了激光冲击确实可以延长模具使用寿命。

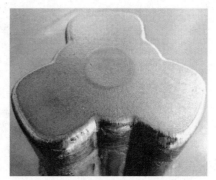

a) 未冲击模具4000次磨损情况　　　　　b) 冲击模具6175 次磨损情况

图 4.48　模具磨损图

图 4.49 所示为挤压模具顶端圆角轮廓上 6 个测量点的半径走势。从图中很明显地看出，冲击之后的半径值曲线始终位于未冲击曲线之下，说明挤压模具经激光冲击强化后测量点的磨损量较未冲击之前减小很多，再一次表明激光冲击强化可以减缓挤压模具的磨损，进而提高挤压模具的使用寿命。

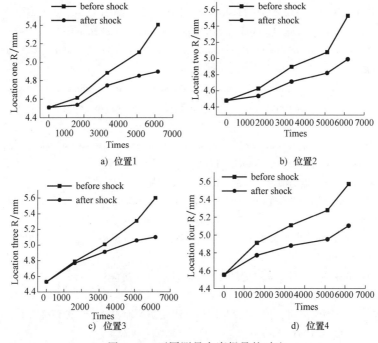

a) 位置1　　　　　　　　　　　b) 位置2

c) 位置3　　　　　　　　　　　d) 位置4

图 4.49　不同测量点磨损量的对比

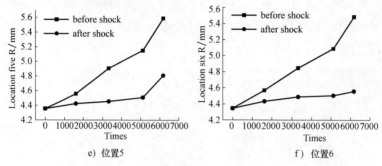

e）位置5　　　　　　　　　　　f）位置6

图 4.49　不同测量点磨损量的对比（续）

4.7　参考文献

［1］　张国顺. 现代激光制造技术 ［M］. 化学工业出版社，2006.

［2］　唐通鸣，章文辉. 提高金属材料疲劳寿命的新技术 ［J］. 电加工，1999 （1）：33-37.

［3］　Anderholm N C. Laser-generated stress waves ［J］. Applied Physics Letters，1970，16 （3）：113-115.

［4］　Arif A F M. Numerical prediction of plastic deformation and residual stresses induced by laser shock processing ［J］. Journal of Materials Processing Technology，2003，136 （1）：120-138.

［5］　马晓青. 冲击动力学 ［M］. 北京理工大学出版社，1992.

［6］　周南. 脉冲束辐照材料动力学 ［M］. 国防工业出版社，2002.

［7］　Hfaiedh N，Peyre P，Popa I，et al. Experimental and numerical analysis of the distribution of residual stresses induced by laser shock peening in a 2050-T8 aluminium alloy ［C］. Materials Science Forum，Trans Tech Publ. 2011，681：296-302.

［8］　Peyre P，Fabbro R，Merrien P，et al. Laser shock processing of aluminium alloys. Application to high cycle fatigue behaviour ［J］. Materials Science and Engineering：A，1996，210 （1）：102-113.

［9］　Ballard P. Residual stresses induced by rapid impact-applications of laser shocking ［J］. Doctorial Thesis，Ecole Polytechnique，France，1991.

［10］　杨桂通，熊祝华. 塑性动力学 ［M］. 清华大学出版社，1984.

［11］　范勇. 7050 航空铝合金结构材料激光冲击强化处理研究 ［D］. 合肥：中国科学技术大学，2003.

［12］　刘世伟，郭大浩. 实验参数对激光冲击强化效果的影响 ［J］. 中国激光，2000，27 （10）：937-940.

［13］　B. C. 柯瓦林科. 零件的激光强化 ［M］. 郭东仁，胡隆庆，译. 北京：国防工业出版社，1985.

［14］　周建忠，杨继昌，周明，等. 约束层刚性对激光诱导冲击波影响的研究 ［J］. 中国激光，2002，29 （11）：1041-1044.

［15］　周建忠，周明，肖爱民，等. 约束层的厚度和柔性对激光冲击强化效果的影响 ［J］. 应用

激光，2002，22（1）：7-9.

[16] Johnson G R, Cook W H. A constitutive model and data for metals subjected to large strains, high strain rates and high temperatures [C]. Proceedings of the 7th International Symposium on Ballistics，1983，21：541-547.

[17] Yao Y L, Zhang W, Chen H. Advances in micro-scale laser peening technology [J]. ICFDM, 2002，1：612.

[18] Zhang W, Yao Y L, Noyan I C. Microscale Laser Shock Peening of Thin Films, Part 1：Experiment, Modeling and Simulation [J]. Journal of Manufacturing Science & Engineering, 2004，126（1）：10-17.

[19] Batani D, Vovchenko V I, Kanel G I, et al. Mechanical properties of a material at ultrahigh strain rates induced by a laser shock wave [J]. Doklady Physics，2003，48（3）：123-125.

[20] 杜金星. 基于激光冲击强化的挤压模具延寿方法及机理研究 [D]. 江苏：江苏大学，2016.

第5章

中空薄壁锻件成形质量检测

锻件的成形质量需要依靠定量金相学原理，通过分析金相显微组织，从而建立成形工艺、组织和性能间的对应关系。将图像处理系统应用于定量金相分析是目前的重要手段之一，可以很方便地快速比对出待测体的形态、数量、面积百分数、分布等各种参数，并与零件力学性能和成形工艺建立内在联系。

5.1 钢材金相图像预处理

5.1.1 钢材金相图像的亮度变换

获取钢材金相图像的过程不可避免地受到各种噪声的干扰，使得图像的质量下降，因此，需要增强图像的对比度。可以采用自适应直方图均衡化处理，但会产生颜色失真、原始图像颜色域信息发生改变等问题。为了避免这种情况，采用基于YUV 颜色空间的 Y 分量自适应直方图均衡法（见图 5.1），具体步骤如下：

1）对于彩色钢材金相组织图像，利用转换公式将 RGB 颜色空间图像转化为YUV 颜色空间图像：

$$\begin{cases} y = 0.299r + 0.587g + 0.114b \\ u = 0.565(b-y) \\ v = 0.713(r-y) \end{cases} \tag{5.1}$$

式中，r、g、b 分别为 RGB 颜色空间图像对应的三色分量的值；y、u、v 分别为YUV 颜色空间图像对应的分量的值。

2）单独对转换之后的 YUV 颜色空间图像中的 Y 通道进行自适应直方图均衡化处理。

3）再利用公式将直方图处理后的 YUV 颜色空间图像重新转化为 RGB 颜色空间图像，得到直方图均衡化后的彩色图像：

$$\begin{cases} r = y + 1.403v \\ g = y - 0.344u - 0.714v \\ b = y + 1.770u \end{cases} \tag{5.2}$$

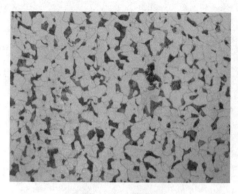 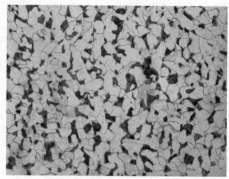

a) 彩色20钢金相图像原图　　　　　　　　　　b) 自适应直方图处理后图像

图 5.1　基于 YUV 颜色空间的 Y 分量自适应直方图均衡法效果图

从图 5.1b 中不难发现，处理后的钢材金相图像的对比度明显得到增强，许多原本模糊的晶界也变得清晰，为后续的金相图像晶粒分割和晶界提取研究提供了方便。同时，采用基于 YUV 颜色空间的 Y 分量自适应直方图均衡法对彩色钢材金相图像处理，避免了图像失真问题，保证了图像颜色域的不变性。

5.1.2　钢材金相图像的双边滤波处理

钢材金相图像在获取、传输、存储过程中，由于受到诸如电子器件、传感器振荡等因素的影响，导致图像混有噪声，直方图均衡化处理在增强图像对比度的同时也增强了部分噪声点。因此，对钢材金相图像进行滤波去噪处理是必不可少的。

图像去噪主要包含两个部分的内容：消除噪声和增强图像特征。这两部分内容在一定程度上是对立的：噪声在图像中属于高频部分，而图像中的边界、特征点同样属于高频部分，在去除噪声的同时难免会模糊边界。因此，为了去除钢材金相图像中混有的噪声，需要具有保边去噪功能的滤波算法。双边滤波算法即具有上述优势。

1. 灰度钢材金相图像的双边滤波处理（见图 5.2）

双边滤波不仅考虑空间的邻域性，同时考虑亮度的相似性，可以解决边缘模糊问题。对于灰度图像 f，在像素点 (i, j) 通过双边滤波之后的输出像素值为 $g(i, j)$：

$$g(i,j) = \frac{\sum_{(k,l) \in \Omega_D(i,j)} w(i,j,k,l)f(k,l)}{\sum_{(k,l) \in \Omega_D(i,j)} w(i,j,k,l)} \qquad (5.3)$$

式中，$\Omega_D(i, j)$ 为 (i, j) 处大小为 $(2D+1) \times (2D+1)$ 的邻域窗，D 为邻域半径；i、j、k、l 为正整数；$w(i, j, k, l)$ 为权重系数，它取决于空域核函数

121

$d(i,j,k,l)=$ exp $\left(-\dfrac{(i-k)^2+(j-l)^2}{2\sigma_d^2}\right)$ 和定义域核函数 $r(i,j,k,l)=$ exp $\left(-\dfrac{\|f(i,j)-f(k,l)\|^2}{2\sigma_r^2}\right)$ 的乘积，参数 σ_d、σ_r 分别控制空域中和值域中权重因子的衰减程度。

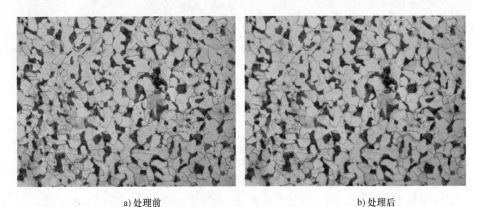

a) 处理前   b) 处理后

图 5.2　灰度钢材金相图像双边滤波处理效果图

2. 彩色钢材金相图像的双边滤波处理（见图 5.3）

对于彩色图像，利用双边滤波算法分别对图像 E 的 r、g、b 三色通道通过式（5.4）进行滤波去噪，得到处理后的图像 I：

$$\hat{I}[k]=\frac{\sum\limits_{i=-L}^{L}W[k,i]E[k-i]}{\sum\limits_{i=-N}^{N}W[k,i]} \tag{5.4}$$

式中，L 为滤波半径；k 为正整数且 $k=L$，$L+1$，$\cdots$，$L+m$，其中 $m=MN-2L$（M、N 分别为图像的行和列）；$E[k-i]$ 为彩色图像当前像素点包含的 r、g、b 三色分量的值；$W[k,i]$ 为滤波器的权系数，主要由 Gauss 权系数 $W_d[k,i]$ 和图像的亮度信息 $W_r[k,i]$ 的乘积所构成，其中 $W_d[k,i]=$ exp $\left(-\dfrac{i^2}{2\sigma_d^2}\right)$，$W_r[k,i]=$ exp $\left[-\dfrac{(\Delta r)^2+(\Delta g)^2+(\Delta b)^2}{2\sigma_r^2}\right]$，$\sigma_d$ 表示在空域滤波时的高斯函数的标准差，σ_r 表示在窗口中图像的亮度通过高斯函数进行滤波时的亮度标准差，Δr、Δg、Δb 分别为 RGB 彩色图像中不同像素点对应的三色分量差值。

对比图 5.2 和图 5.3 不难发现，双边滤波算法在去除图像中噪声点的同时，没有模糊金相图像中的晶界部分；双边滤波算法能同时应用于灰度和彩色钢材金相图像。

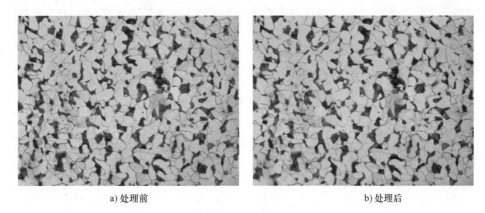

a) 处理前　　　　　　　　　　　　　　b) 处理后

图 5.3　彩色钢材金相图像双边滤波处理效果图

5.2　钢材金相图像晶粒分割算法

钢材金相图像经过预处理之后去除了噪声，增强了晶界，但钢材试样制备的不完善会导致晶界断裂、模糊等问题，为提取完整的晶界增添了困难，需要进行金相图像晶粒分割，获得完整的晶界。

一幅钢材金相图像包含许多组织成分。采用 Mean Shift 算法对图像进行分割，若是给定带宽参数，无法将一块块晶粒完整分割开来，分割效果较差。因此，先采用预分割算法将一幅完整的金相图像分割成多块不同的区域，然后根据每个区域的特征，选用不同的带宽参数。将金相图像分割成多块区域时，区域与区域之间的分割线必须为原有的钢材金相图像中的晶界，不能重新生成。标记分水岭算法适用于钢材金相图像预分割，对预处理后的灰度图像进行标记分水岭分割，效果如图 5.4 所示。为了方便后续的处理，将相邻区域填充了不同的颜色。通过比较预分割前后

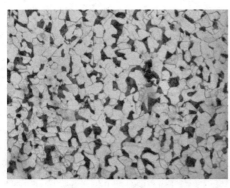

a) 预处理后的灰度图像　　　　　　　　　　b) 预分割后效果图

图 5.4　预分割后区域轮廓图

的图像，不难发现，轮廓线都是在现有的金相图像晶界基础上产生的，没有出现伪晶界，不会影响后续的钢材金相图像晶粒分割。

5.3 金相晶粒度定量检测方法

初步研究了金相晶粒度测定与评级方法，其原理如图 5.5 所示。评级模块整体的流程如下：输入已经处理好的图片，分别进行传统评级方法、分形维数方法和深度学习算法，然后对这三种结果进行比较，最后计算出最佳结果。

1. 传统评级方法

根据 GB/T 6394—2017 标准，传统评级方法主要分为面积法（见图 5.6）和截点法。面积法的算法是将已知面积（$5000 mm^2$）的圆形测量网格置于晶粒图形上，计算完全落在测量网格内的晶粒数 $N_内$ 和被网格所切割的晶粒数 $N_交$，晶粒 N 为

$$N = N_内 + N_交/2 - 1 \tag{5.5}$$

则晶粒度级别数 G 的计算为

$$G = 3.3219281g\frac{M^2 N}{A} - 2.954$$

式中，M 为所使用的放大倍数；A 为所使用的测量网格面积（mm^2）。

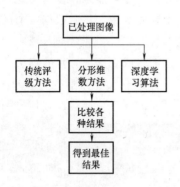

图 5.5 金相晶粒度定量检测技术路线图

2级

图 5.6 面积法评级图像

2. 分形维数算法

金相图形具有分形理论研究的两个基本特征——不规则性和自相似性，所以以分形维数算法可以用在金相评级上。常用的几种分形维数模型有盒维数、关联维数、信息维数、广义维数等。这些模型不是全部可以用于金相评级的。因为盒维数是应用最广泛的维数之一，所以最先研究盒维数。盒维数算法流程图如图 5.7 所示，20CrMnTi 八级金相图像盒维数计算结果如图 5.8 所示。

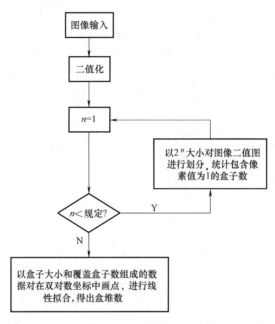

图 5.7　盒维数算法流程图

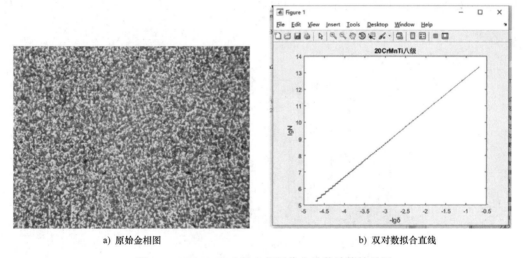

a) 原始金相图　　　　　　　　　b) 双对数拟合直线

图 5.8　20CrMnTi 八级金相图像盒维数计算结果图

5.4　晶界提取质量评价体试验结果及分析

以晶界提取后的图像作为研究对象，取 20 幅晶界人工提取图像中的 6 幅（包括图像质量很好、一般、较差各 2 幅）为例，对其进行质量参数提取并将结果列于表 5.1 中。

表 5.1　质量参数结果表

质量参数	1	2	3	4	5	6
Area	4218.3	4398.3	4316.1	4332.4	4354.1	4282.7
Shape	2.0211	2.0873	2.1087	2.0086	1.9932	2.1028
Compact	24.123	28.732	39.114	27.621	32.329	43.847
Energy	0.737	2.7688	1.6531	0.7824	0.3198	1.4284
Correlation	0.5989	1.3293	1.6151	0.4830	2.0983	0.7829
Entropy	25.108	39.293	84.257	11.125	69.382	77.289
Contrast	0.0311	0.0489	0.0561	0.0423	0.7842	0.5382
Z_{eb}	11.839	9.732	17.341	5.202	20.783	14.389
U_I	0.8943	0.9038	0.9154	0.9295	0.9382	0.8837
DIR	4509.9	4739.4	4545.5	6331.9	5903.4	6004.8

　　从表 5.1 可以明显看出各个质量参数之间的量纲和数值差异很大，需要对这些数据归一化后进行 FD 算法评价，归一化后的数据如图 5.9 所示。因为各个质量参数的权重求取对于 FD 算法是至关重要的，所以在专业金相分析师的协作下，对各个质量参数进行了打分，其结果列于表 5.2 中。

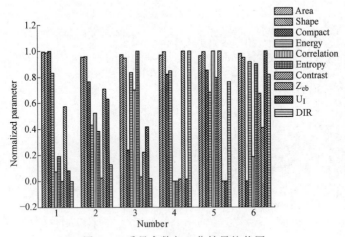

图 5.9　质量参数归一化结果柱状图

表 5.2　质量参数评分表

质量参数	Area	Shape	Compact	Energy	Correlation	Entropy	Contrast	Z_{eb}	U_I	DIR
Area	3	3	2	4	4	4	4	5	5	5
Shape	3	3	2	4	4	4	4	5	5	5
Compact	4	4	3	5	3	5	3	5	5	5

（续）

质量参数	Area	Shape	Compact	Energy	Correlation	Entropy	Contrast	Z_{eb}	U_1	DIR
Energy	2	2	1	3	2	3	2	4	4	4
Correlation	2	2	3	4	3	4	3	5	5	5
Entropy	2	2	1	3	2	3	2	4	4	4
Contrast	2	2	3	4	3	4	3	5	5	5
Z_{eb}	1	1	1	2	1	2	1	3	3	3
U_1	1	1	1	2	1	2	1	3	3	3
DIR	1	1	1	2	1	2	1	3	3	3

由表 5.2 可知各个质量参数的评价分数，然后可以准确计算出各个质量参数的 FD 算法权重。各个质量参数相应权重见表 5.3。

表 5.3　质量参数相应权重

质量参数	Area	Shape	Compact	Energy	Correlation	Entropy	Contrast	Z_{eb}	U_1	DIR
权重	0.07	0.07	0.06	0.11	0.08	0.11	0.08	0.14	0.14	0.14

由各个质量参数权重可以计算得到 6 幅手工提取晶界的基于 FD 算法的晶界提取质量评分图。从图 5.10 中可以看出，图像质量越好，手工提取晶界的效果也越好。

为使每一幅晶界提取结果都拥有相同的评价参照和标准，需要将手工提取的 20 幅晶界图像与之后需要评价的晶界提取质量图置于同一组进行归一化和计算评分。当输入图像评价分数大于 0.6 分时，晶界提取质量极佳，可直接传输至金相评级算法；当输入图像评价分数大于 0.5 分时，晶界提取质量较好，可直接传输至金相评级算法或微调晶界提取算法默认阈值；当输入图像评价分数大于 0.4 分时，晶界提

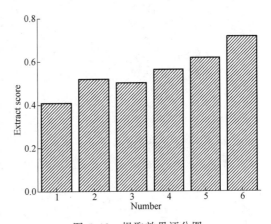

图 5.10　提取效果评分图

取质量一般，需要调整晶界提取算法默认阈值或进行人工干预；当输入图像评价分数小于 0.4 分时，晶界提取质量不佳，需重新采集图像处理或进行人工干预。

通过对 80 幅晶界提取结果图进行评价分析，使用评价分数区间进行分类，并与人工评价做对比，其结果置于图 5.11。图 5.11 是对 80 幅晶界提取结果评价分析结果的混淆矩阵图，图中每一行总数指专业金相分析师认为该评价区间的晶界提取

结果（即认为该结果为标准值），每一列总数指本研究评价体系评价得到的该评价区间的晶界提取结果。

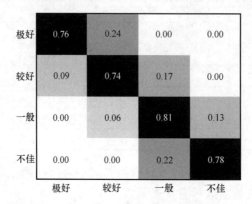

图 5.11　评价分析结果混淆矩阵图

5.5　参考文献

［1］　张琦. 基于集成学习的金相组织自动评级方法研究［D］. 江苏：江苏大学，2018.

［2］　朱建栋. 钢材金相图像智能晶界提取及分析算法研究［D］. 江苏：江苏大学，2018.

［3］　赵稼宸. 基于机器视觉的 45 钢金相组织晶界提取及评价方法研究［D］. 江苏：江苏大学，2017.

第6章

其他中空薄壁件温冷复合锻挤工艺设计

6.1 取力器传动轴成形工艺研究

取力器传动轴是汽车变速箱输出轴，其三维模型及结构如图 6.1 所示。针对取力器传动轴的结构特点，设计了多工位的成形工艺方案，如图 6.2 所示。采用有限元软件 DEFORM-3D 对其中的核心工序塑性扩孔和内花键挤压进行了模拟分析。在 UG NX 环境中建立扩孔前的坯料三维模型以及凸模、凹模的几何模型，考虑到零件的轴对称性，为了节省计算时间，取其 1/6 并以 STL 格式导出。在 DEFORM-3D 前处理器中导入建立好的几何模型，如图 6.3 所示。

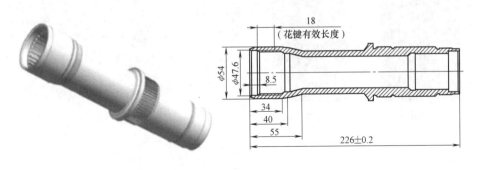

a) 三维模型   b) 零件图

图 6.1 取力器传动轴

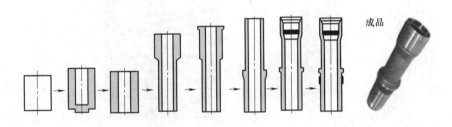

图 6.2 取力器传动轴多工位成形工序设计

图 6.4 为扩孔模拟图。当凸模下压时，毛坯口部开始接触模具的台阶过渡部分，随着凸模的下移，毛坯由口部开始沿着凸模径向外扩，如图 6.4a 所示。到达第 570 步时，扩孔结束，如图 6.4b 所示。此时若继续下压上模，则载荷会迅速加大，由扩孔变为反挤压，扩孔过程上模载荷-时间曲线如图 6.4c 所示。因此，在扩孔过程中应该严格控制好模具的行程，防止模具过载而导致模具寿命降低。图 6.5 给出了内花键挤压模拟图。上模接触扩孔后的坯料后，材料沿着凸模开始变形。结果发现，材料大片表面被刨削式撕下，导致挤压过程不能顺利进行。

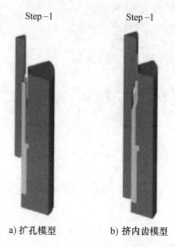

a) 扩孔模型   b) 挤内齿模型

图 6.3 导入 DEFORM-3D 后的模型

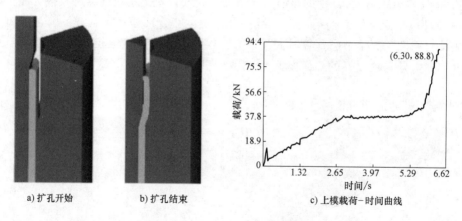

a) 扩孔开始   b) 扩孔结束   c) 上模载荷-时间曲线

图 6.4 扩孔模拟图

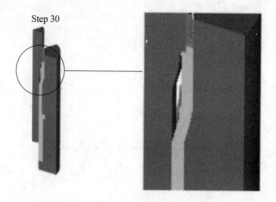

图 6.5 内花键挤压模拟图

针对内花键挤压时出现的金属刨削式撕下现象，对凸模冲头的设计进行了改进优化。在凸模冲头的齿形与导向部分增加角度为 α 的过渡段，预设计角度为 25°～60°，运用 DEFORM-3D 有限元软件对角度进行改进模拟，其优化过程见表 6.1。从优化过程分析，随着角度的增大，挤压最大载荷并无明显的变化，但是随着过渡角度的增大，过渡处的切削现象逐渐减轻直至消失，且挤压过程的载荷也趋于稳定，所以在满足零件尺寸的条件下尽量选择大的过渡角。本零件选择 60° 的过渡角。改进后的凸模冲头模型如图 6.6 所示。这样在挤压过程中材料就会一直处于压应力状态，流动阻力就会大大减小，从而避免了材料被大面积刨削式地撕下。

表 6.1 优化过程

优化角度/(°)	凸模最大载荷/kN	过渡处有无切削加工现象	载荷是否稳定	内花键挤压时平均载荷/kN
25	246	有	不稳定	105
30	246	有	不稳定	106
35	252	有	不稳定	112
40	245	有	基本稳定	106
45	246	轻微	基本稳定	100
50	238	轻微	稳定	101
55	236	无	稳定	88.3
60	222	无	稳定	70

图 6.7 为内花键挤压时材料的流动变化图。当挤压进入第 444 步后，内花键的齿形已经成形，此时凸模应向下继续挤压，成形台阶。达到第 528 步，内花键挤压结束。从图 6.8 所示内花键挤压过程的载荷分析可知，内花键挤压可以分为 3 个阶段。

1) 从凸模接触坯料开始，载荷逐步增加直至阶段 2。

2) 载荷增加值较小，这也是内花键挤压的关键阶段。

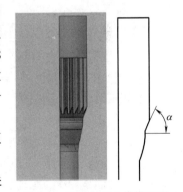

图 6.6 改进后的凸模模型图

3) 内花键挤压结束，塑性变形带有反挤压变形，载荷急剧增大，这个阶段也是对零件过渡部分塑形的阶段，最大载荷为 222kN。

经小批量生产验证，经多次模拟改进的内花键挤压方案切实可行，扩孔内花键挤压处无切削加工现象，无褶皱、裂纹等缺陷，几何尺寸精度达 IT8 级，可以投入批量生产。

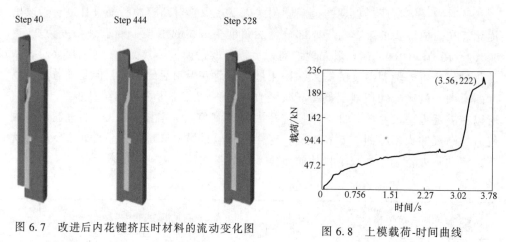

图 6.7　改进后内花键挤压时材料的流动变化图

图 6.8　上模载荷-时间曲线

6.2　倒档棘轮外齿成形工艺研究

针对倒档棘轮外齿形状和结构相对于中间平面不对称的特点，制订了倒档棘轮外齿两种冷精锻成形工艺方案，如图 6.9 所示。方案一将模具型腔直接加工成外凸台形状，直接冷挤压环形坯料得到倒档棘轮外齿，如图 6.9a 所示；方案二是冷挤压出上下一致的外齿，再通过机加工去除底部多余金属，如图 6.9b 所示。

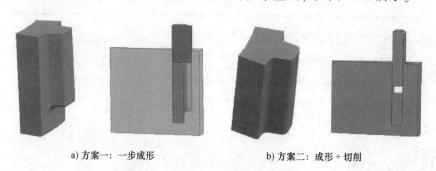

a) 方案一：一步成形　　　　　　b) 方案二：成形 + 切削

图 6.9　倒档棘轮外齿成形工艺方案

采用 DEFORM-3D 有限元软件对其精锻成形过程进行模拟，将坯料设置为塑性材料，凸凹模设置为刚性材料。成形环境温度设置成 20℃。鉴于不同工艺方案的比较，主要考虑金属的合理流动，故忽略成形过程中因变形产生的热影响。坯料为20CrMnTi，凸凹模材料为 Cr12MoV。为减小计算量，选取一个完整的外齿即 1/20个零件进行建模分析，采用四面体单元，网格最小尺寸为 0.5mm，最大尺寸为1mm。模拟步长取 0.15mm。在冷挤压的数值模拟分析中摩擦系数通常为 0.08 ~0.12。考虑到实际生产时毛坯经磷化皂化处理，采用剪切摩擦类型，摩擦系数选择0.10。凸模初始进给速度 $v = 10\,\text{mm/s}$。

图 6.10 是两种冷挤压成形模拟最后阶段的成形图和金属流速图。由图 6.10a 可以看出，采用一步直接冷挤压成形，金属最终的充填效果并不理想，凸台底部角隅处很难充填完整。在凸模的作用下，上部金属先开始变形，沿径向方向充满型腔，下部金属变形有个滞后过程，即上部金属基本充满型腔时，下部金属才开始沿径向流动，但是在转角处受到型腔的阻碍，如图 6.10b 所示。在转角处所有金属都向这里流动，容易引起应力集中，损坏模具。由于外齿上下不对称导致金属变形不均匀，变形过程中，金属最大流速达到了 296mm/s。最后阶段的成形力急剧上升。由图 6.10c 可以看出，上下一致的外齿成形过程的充填性明显好于方案一。和方案一相同，金属先从上部开始变形充填型腔，最后充填凸台底部，整个过程金属流动均匀，最大流速只有 89.6mm/s，如图 6.10d 所示，未出现一步成形（方案一）时的流动紊乱情况。最大成形力也远小于方案一。虽然方案二最终需经机加工去除倒档棘轮底部一部分金属，材料利用率仍然达到了 93.4%。综合以上分析，最终选用方案二成形外齿。

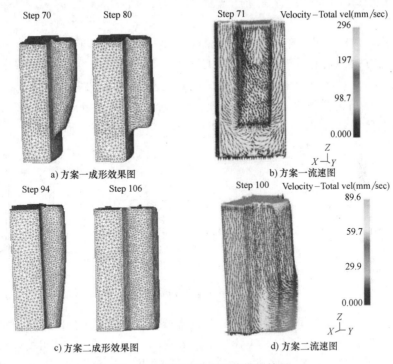

图 6.10　不同成形方案的模拟结果

　　经圆形坯料冲中心孔→碾环→去应力退火→磷化皂化处理制备环形坯料（见图 6.11a 右图）后，利用 YQ34-1000 型液压机，根据方案二进行了倒档棘轮冷挤压成形试验，图 6.11a 左图所示为方案二成形试件。由图 6.11a 可以看出，金属变形情况良好，金属最终的充填效果理想，凸台底部角隅处充填完整，齿轮齿面完整，外齿成形质量高。图 6.11b 所示为在成形倒档棘轮外齿的基础上冷挤压出内齿，再经机加工除去底部多余金属而成。生产实践表明，采用成形+切削的工艺方法生产倒档棘轮，齿形形状完整饱满，齿形疲劳强度高，可保证倒档棘轮服役环境复杂的要求。

a) 冷挤压成形的外齿　　　　　　　　b) 最终成形的试件

图 6.11　方案二成形试件

6.3　薄壁深筒形件活塞温冷复合挤压成形工艺研究

针对钢质薄壁活塞深筒形件的特点，制订了"温挤压+两次冷精整"的温冷复合挤压工艺方案，先由温挤压成形出筒形形状，再经过多次冷挤减小筒壁壁厚，增加筒的长度，以温冷复合挤压的方式得到符合尺寸规定的零件，成形过程如图 6.12 所示。温挤包括下料、挤压前处理、镦粗、压凹和反挤压。得到的工件经车削后进行热处理以及润滑处理后，再进行后续的两次冷精整变形。

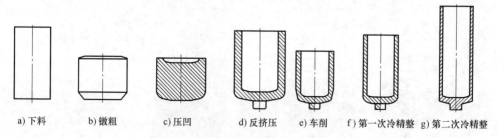

a) 下料　　b) 镦粗　　c) 压凹　　d) 反挤压　　e) 车削　　f) 第一次冷精整　g) 第二次冷精整

图 6.12　温挤压+两次冷精整工艺方案

对整个成形过程运用 DEFORM-3D 软件进行模拟，根据工件的形状可取模型的 1/4 进行模拟分析，这样可以减小计算量，节约时间。应用 UG 对相关坯料及模具进行建模，模型导出成 STL 格式再由 DEFORM-3D 导入进行模拟，如图 6.13 所示。

温挤过程如图 6.14a～c 所示。随着凸模下压坯料变形，模拟到第 140 步（见图 6.14a）镦粗完成，到第 170 步（见图 6.14b）压凹完成，到第 356 步（见图 6.14c）反挤压完成，材料填充完好。凸模负载曲线如图 6.14d 所示，镦粗过程中负载力先平稳上升到第 130 步左右负载急剧上升。压凹过程中的凸模负载也上升迅速，反挤压负载则比较恒定，在 550～650kN 内波动。因此在镦粗、压凹过程中应

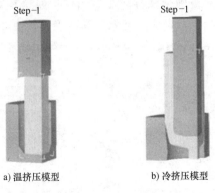

a) 温挤压模型　　　　　　　　b) 冷挤压模型

图 6.13　导入 DEFORM-3D 后的模型

严格控制好凸模的行程，避免模具的过载，从而导致模具寿命降低。

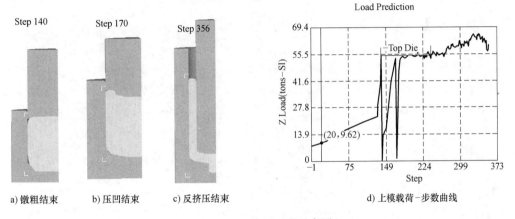

a) 镦粗结束　　b) 压凹结束　　c) 反挤压结束　　　　d) 上模载荷-步数曲线

图 6.14　温挤压过程示意图

由冷挤模拟结果知，成形过程中活塞内侧下部的损伤度高，容易拉裂，取危险区域内的三点进行点追踪分析，如图 6.15 所示。可以看出，三点损伤值接近。第二次挤压损伤度明显大于第一次挤压，可见壁厚越小挤压条件越苛刻，拉裂风险也

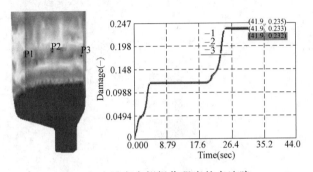

图 6.15　活塞内侧损伤程度的点追踪

越高。活塞筒外侧受到凹模剧烈摩擦，容易刮伤，如图 6.16 所示。第二次冷挤的筒壁损伤程度高于第一次，所以应注意凹模润滑以延长模具寿命。此外，第二次冷挤导致了如图 6.17 所示的变形缺陷。产品不符合尺寸规定。

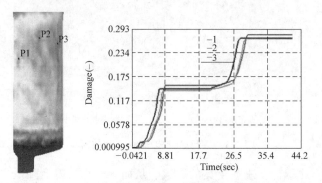

图 6.16　活塞外侧损伤程度的点追踪

　　根据原因分析，对原始工艺进行修改，提出了消除筒腔底部变形缺陷的改进方案，第一次精整后对圆筒外壁底端车削一道圆弧（见图 6.18a），减少工件底端的材料，防止钢筒底端变形。如果车削过少，变形得不到消除；车削过多则会浪费材料，导致筒深尺寸达不到零件（≥216mm）的尺寸要求。更改坯料后，危险区域损伤值稳定在较小的范围内。经改进，拉裂的风险降低，如图 6.18b 所示。工件内腔与凸模贴合完好，未出现变形。

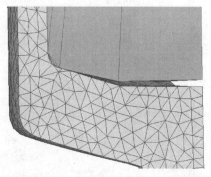

图 6.17　工件与凸模之间的变形缺陷

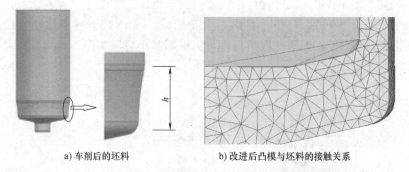

a) 车削后的坯料　　　　b) 改进后凸模与坯料的接触关系

图 6.18　消除筒腔底部变形缺陷的改进方案